Math is Life ■ 001

수학 독립선언

개정판

표용수 · 조용선 지음

KM 경문사

수학 독립선언 (개정판)

지은이 표용수 · 조용선
펴낸이 조경희
펴낸곳 경문사
펴낸날 2006년 3월 2일 1판 1쇄
2018년 9월 1일 개정판 3쇄
등 록 1979년 11월 9일 제313-1979-23호
주 소 04057, 서울특별시 마포구 와우산로 174
전 화 (02)332-2004 팩스 (02)336-5193
이메일 kyungmoon@kyungmoon.com
facebook facebook.com/kyungmoonsa

값 15,000원

ISBN 978-89-6105-754-7

머리말

수학은 다른 학문분야의 기초과목으로서는 물론, 우리의 삶을 풍요롭게 해주는 데 꼭 필요한 교과목이다. 그럼에도 불구하고, 수학 그 자체의 어려움으로 이·공계열 기피현상과 함께 수학교과의 필요성이 점차 퇴색되어 가고 있다. 그러나 수학은 역시 중요한 교과목이고, 수학을 잘하는 학생일수록 자신이 원하는 일을 성취할 수 있음은 분명한 사실이다.

우리는 일상생활에서 크고 작은 문제를 해결하면서 살아간다. 제한된 상태에서 합리적 사고와 분석으로 당면과제에 대한 최선의 해결책을 찾아내어야 한다. 이와 같이 실생활 문제에 대한 창의적이고 합리적인 해결방법을 추구하는 것이 수학이므로, 수학이 곧 일상생활이고 일상생활이 곧 수학이다.

그동안 저자는 누구나 편하게 읽을 수 있는 재미있는 수학이야기를 내용으로 하는 교양서적의 출판을 오래 전부터 생각하고 있었으나, 자신이 없어서 주저하고 있었다. 왜냐하면 수학에 대한 관심과 흥미를 갖게 하려다가 오히려 학생들이 수학을 더 멀리하게 되면 어떻게 하나? 하는 두려움이 앞섰기 때문이다. 그러나 몇 가지 수학이야기를 준비하는 과정에서 수학에 대한 신비로움과 매력을 보고 느끼면서 용기를 내기로 하였다.

이 책은 수학적 자질이 있는 초등학교 고학년 학생으로부터 중·고등학교 학생이면 누구나 편하게 읽을 수 있는 수준으로 편집하여, 수학에 관심을 가져보고자 하는 모든 이들을 대상으로 하였다. 간혹 이해가 잘되지 않는 부분이 있다고 하더라도 그 부분은 무시하고 계속 읽어나가도 좋을 것이다. 왜냐하면 이 책은 어려운 수학적 내용이나 이론적 접근보다는 수학의 신비로움과 쓰임새를 전달하기 위한 목적으로 저술하였기 때문이다. 따라서 이 책으로 하여금 수학의 신비로움과 흥미로움을 독자들 스스로 느끼게 하여 수학에 대한 관심과 흥미를 높이도록 하는 데 출판의 의의를 찾고자 한다. 또한, 이번 개정판에서는 독자들의 이해를 돕기 위하여 좀더 구체적인 내용과 문제 및 수학적 예제와 풀이를 많이 보충하였다. 그러함에도 불구하고, 이 책의 특성상 이론적 전개가 부족하거나 심도 있게 다루지 못한 내용도 있으며, 독자들의 이해를 돕기 위하여 일부 내용에서는 중복되는 부분도 있음을 밝혀둔다.

3은 조화로운 숫자이며 신비로운 숫자이고, 현실세계와 이상세계의 통제자이다. 현실 속의 3삶은 언제나 이상으로 나아가기를 소망한다고 한다. 1919년, 일본의 식민지 지배로부터 벗어나기 위한 항일독립운동인 3.1운동에서 독립선언문을 기초한 민족대표는 33인이었다. 33인이 독립선언문을 기초하였듯이 이 책에서는 33가지의 수학이야기를 통하여 독자들로 하여금 수학에 대한 두려움과 무관심에서 벗어나도록 하고자 하였다. 이 이야기들을 신비로운 수학, 재미있는 수학, 향기로운 수학 및 쓰임새 있는 수학으로 구분하여 편집하였다. 우리는 이 책에서 수학의 심오함과 실용성으로 수학과 친근하게 되어 수학에 좀더 가까이 다가갈 수 있도록 하고자 노력하였다. 시간을 가지고 찬찬히 읽어보면 그야말로 수학의 참맛을 느낄 수 있을 것으로 확신한다.

이 책의 내용은 저자가 독창적으로 개발한 내용이 아니라 대부분 잘 알려진 수학적 내용을 여러 참고문헌과 함께, naver.com과 daum.net 등의 검색을 통한 다수의 인터넷 자료를 활용하여 편집하였다. 이 책의 집필에 참고한 인터넷 자료들을 일일이 소개하지는 않았지만, 좋은 내용을 탑재해 준 많은 분들께 진심어린 감사를 드린다.

이제, 많은 독자들의 사랑으로 개정판을 내게 되었다. 개정판에서는 부족한 내용을 보충하고 흥미있는 새로운 내용들을 추가하였다.

끝으로, 출판을 위해 애써주신 경문사 박문규 사장님을 비롯한 임직원 여러분과 원고를 준비하는 동안 다양한 의견을 개진해 준 연구실의 대학원생들과 개정판을 출판할 수 있도록 많은 격려와 용기를 주시고 이 책을 사랑해 주신 독자 여러분들께도 진심어린 감사를 드린다.

2014년 새해를 맞이하며

대표저자 표용수 씀

차례

머리말 · 3

제1편

신비로운 수학

첫 번째 이야기 마방진의 신비 · 10
두 번째 이야기 하노이 탑의 전설 · 21
세 번째 이야기 황금비의 아름다움 · 31
네 번째 이야기 피보나치 수열과 황금비 · 42
다섯 번째 이야기 원주율의 비밀 · 52
여섯 번째 이야기 완전수와 소수 · 61
일곱 번째 이야기 마술카드 게임 · 71
여덟 번째 이야기 조화롭고 신비로운 수 · 78

제2편

재미있는 수학

아홉 번째 이야기 숫자의 탄생 · 88
열 번째 이야기 길이의 단위 · 101
열한 번째 이야기 행운의 숫자와 불운의 숫자 · 109
열두 번째 이야기 비둘기 집의 원리 · 115
열세 번째 이야기 쾨니히스베르크 다리와 한붓그리기 · 121
열네 번째 이야기 수학의 허점을 지적한 역설 · 126

열다섯 번째 이야기 노벨상과 필즈상 · 135
열여섯 번째 이야기 덤으로 하는 수학 이야기 · 142

제3편

향기로운 수학

열일곱 번째 이야기 4원소와 정다면체 · 154
열여덟 번째 이야기 학문의 열정과 유레카 · 162
열아홉 번째 이야기 앞뒤가 없는 뫼비우스 띠 · 168
스무 번째 이야기 안팎이 없는 클라인 병 · 173
스물한 번째 이야기 정육각형의 벌집 · 177
스물두 번째 이야기 3대 작도 문제와 작도 원칙 · 181
스물세 번째 이야기 이성의 만남과 조화 · 188
스물네 번째 이야기 전통놀이와 수학 · 194

제4편

쓰임새 있는 수학

스물다섯 번째 이야기 태양력과 사라진 날들 · 202
스물여섯 번째 이야기 태음력과 24절기 · 208
스물일곱 번째 이야기 매듭이론과 알렉산더식 매듭풀기 · 216
스물여덟 번째 이야기 암호와 전쟁의 승패 · 222
스물아홉 번째 이야기 죄수의 딜레마와 게임이론 · 232
서른 번째 이야기 4색 문제와 외판원 문제 · 240
서른한 번째 이야기 실용수학과 카오스 이론 · 246
서른두 번째 이야기 바코드와 ISBN · 251
서른세 번째 이야기 일상생활 속에서의 수 · 259

참고문헌 · 265

제1편

신비로운
수학

첫 번째 이야기

마방진의 신비

마방진魔方陣, magic square은 **방진** 또는 **마법진**이라고도 하는데, 각각의 가로와 세로 및 대각선에 배열된 수의 합이 모두 같도록 정사각형 모양으로 자연수를 나열한 것을 말한다. 마방진은 그 크기에 따라서 3방진, 4방진, …, n 방진 등으로 구분하며, 그 합은 3방진에서는 15, 4방진에서는 34, 5방진에서는 65이어야 한다. 일반적으로, n 방진에서 각각의 가로와 세로 및 대각선에 배열된 수의 합은 1부터 n^2 까지의 합을 n 으로 나눈 값, 즉

$$\frac{n^2(1+n^2)}{2} \times \frac{1}{n} = \frac{n(n^2+1)}{2}$$

이다. 마방진을 만드는 방법은 여러 가지로 제안되어 있으나, 한 가지 방법으로 모든 마방진을 만들 수는 없다.

중국에서는 마방진에 대해 다음과 같은 전설이 전해온다고 한다.

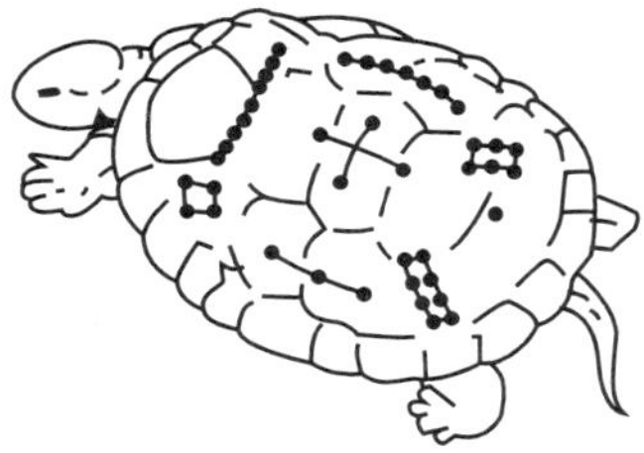

옛날 중국 하나라전설 속의 중국 고대 왕국 우왕 때에 잦은 홍수로 인한 황하강의 범람을 막기 위해 제방공사를 하였다. 그때 강 가운데서 큰 거북이 한 마리가 나타났는데, 그 거북의 등에는 오른쪽 그림과 같은 이상한 무늬가 새겨져 있었다고 한다.

사람들은 이 무늬를 여러 가지로 궁리한 끝에 다음과 같은 수를 나타낸다는 것을 알았다.

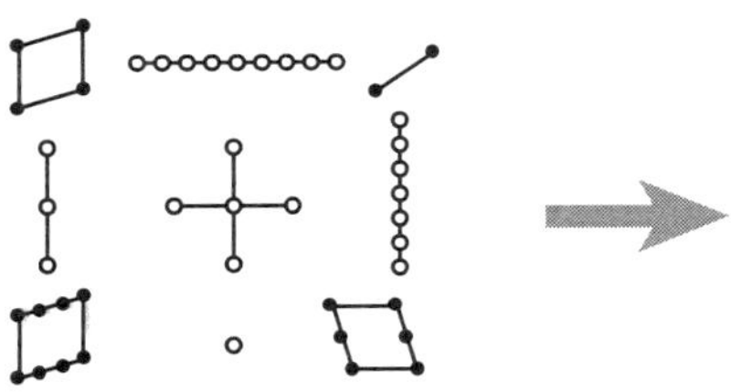

4	9	2
3	5	7
8	1	6

수의 배열을 보면, 가로, 세로, 대각선에 배열된 숫자의 합이 모두 15로 같음을 알 수 있다. 중국 사람들은 이 신비로운 무늬의 그림을 하늘이 거북을 시켜 인간 세계에 보내준 것이라고 믿게 되었으며, 이 숫자를 황하강의 범람과 같은 재앙을 막아주는 신비의 숫자로 생각하고 아주 귀하게 여겼다고 한다. 또한, 이를 오행설五行說과 결부시켜 운세 판단에 응용하기도 하였다고 한다.

그 후, 마방진은 이 신비한 전설과 함께 인도, 페르시아, 아라

비아의 상인들에 의해 서아시아, 남아시아, 유럽 등지로 전해졌다. 유럽에서도 마방진이 점성술의 대상이 되어 마방진을 새긴 부적을 만들었다고 한다. 왼쪽 그림은 독일의 수학자이며 화가로 유명한 뒤러의 동판화 '멜랑콜리아'이다. 이 그림에서 생각에 잠겨 있는 수학자의 뒤쪽에는 마방진이 걸려 있다. 이는 유럽의 마방진으로서는 가장 오래된 부류에 속하는 4방진이다.

뒤러는 왜 이 그림에 4방진을 그려 넣었을까? 먼저 고대 그리스의 의학에서 시작된 '**사성론**四成論'에 대해서 알아보자. 사성론은 인간의 몸 안에는 네 가지 종류의 액체가 흐르고 있는데, 그 중에서 어느 것이 더 많이 흐르는가에 따라 그 사람의 성격이 정해진다고 하는 이론이다. 즉

- 혈액이 많은 다혈질의 사람은 활동가
- 담즙이 많은 담즙질의 사람은 변덕쟁이
- 점액이 많은 점액질의 사람은 끈질긴 성격의 사람
- 흑담즙이 많은 우울질의 사람은 내성적인 사람

이라는 것이다. 이 사성론에 따라 창의적인 사람, 즉 수학자는 우울질의 사람으로 보고 이들은 측량, 건축, 연금의 신인 토성의 지배를 받는다고 생각하였다. 따라서 사색에 열중하여 우울질이 높아지면, 토성의 영향에서 벗어나 기분을 전환하기 위해서는 목성의 도움이 필요하다고 생각하였다. 당시의 점성술사들은 마방진을 별과 연관

지어 3방진은 토성, 4방진은 목성, 5방진은 화성, 6방진은 태양, 7방진은 금성, 8방진은 수성, 그리고 9방진은 달을 상징한다고 생각하였다. 그래서 동판화에서는 생각에 열중하고 있는 수학자의 머리를 쉬게 하기 위해서 목성을 나타내는 4방진을 그렸다는 것이다.

신비주의와 수학의 결합은 마방진뿐만 아니라, 점성술, 연금술 등에도 나타나 있다. 그러나 점성술이나 연금술에서는 수학을 수학으로서 탐구한 것이 아니라, 도형이나 수를 제각기 의미를 가진 것으로 보고 좀더 추상적이고 형식적인 것으로써 발전시켰다. 그 후, 신비주의 사상 안에서 자라난 점성술은 천문학으로, 연금술은 화학의 발전으로 이어지게 된다.

우리나라에서는 조선 숙종 때, 영의정을 지낸 수학자 최석정 1646~1715이 절묘한 마방진을 창안하여 그의 저서 《구수략九數略》에 실었다. 이 책에서는 1부터 81까지의 정수를 중복 없이 배열한 라틴마방진을 소개하고 있다. 다음 쪽의 표는 아래 표의 순서쌍 (i, j) 에 대하여 $x = 9(i-1)+j$ 의 값을 대입한 것으로, 가로, 세로 및 대각선의 합이 369인 9차 마방진이다. 또한, 빗금 친 9개의 정사각형 모두는 3차 마방진을 보여주고 있다.

(5,1)	(6,3)	(4,2)	(8,7)	(9,9)	(7,8)	(2,4)	(3,6)	(1,5)
(4,3)	(5,2)	(6,1)	(7,9)	(8,8)	(9,7)	(1,6)	(2,5)	(3,4)
(6,2)	(4,1)	(5,3)	(9,8)	(7,7)	(8,9)	(3,5)	(1,4)	(2,6)
(2,7)	(3,9)	(1,8)	(5,4)	(6,6)	(4,5)	(8,1)	(9,3)	(7,2)
(1,9)	(2,8)	(3,7)	(4,6)	(5,5)	(6,4)	(7,3)	(8,2)	(9,1)
(3,8)	(1,7)	(2,9)	(6,5)	(4,4)	(5,6)	(9,2)	(7,1)	(8,3)
(8,4)	(9,6)	(7,5)	(2,1)	(3,3)	(1,2)	(5,7)	(6,9)	(4,8)
(7,6)	(8,5)	(9,4)	(1,3)	(2,2)	(3,1)	(4,9)	(5,8)	(6,7)
(9,5)	(7,4)	(8,6)	(3,2)	(1,1)	(2,3)	(6,8)	(4,7)	(5,9)

37	48	29	70	81	62	13	24	5
30	38	46	63	71	79	6	14	22
47	28	39	80	61	72	23	4	15
16	27	8	40	51	32	64	75	56
9	17	25	33	41	49	57	65	73
26	7	18	50	31	42	74	55	66
67	78	59	10	21	2	43	54	35
60	68	76	3	11	19	36	44	52
77	58	69	20	1	12	53	34	45

아울러, 《구수략》에는 1부터 30까지의 수를 한 번씩만 사용하여 각 육각형의 수의 모두 합이 같은 왼쪽의 '지수귀문도'라는 유사 마방진도 실려 있다.

일정한 규칙에 따라 네모진 틀에서 마방진을 만들 때는 그 규칙대로 수를 써넣으면 되지만, 홀수 방진과 짝수 방진을 만드는 규칙은 서로 다르다. 각 마방진을 얼마만큼 만들 수 있는지 확실하지 않으나 주어진 마방진을 회전하거나 뒤집어 숫자의 배열이 같은 것을 동일한 마방진으로 간주하면 3방진은 하나밖에 없으나, 4방진의 종류는 무려 880가지나 있다. 1693년 프레니클B. Fienicle, 1605~1675이 880개의 마방진을 전부 만들어 발표한 이래 많은 사람들이 여러 가지 방법으로 그것들을 확인하였다.

이제 마방진을 배열하는 방법에 대해 알아보자.

홀수 마방진의 경우는 다음의 그림 B에서와 같이 상하좌우에 보조 칸을 그린 후, 숫자를 배열하고 보조 칸 위의 숫자들을 대응하는 보조 칸에 옮겨 적으면 가로, 세로, 대각선에 배열된 수의 합이 모두 15로 같은 3방진 C를 얻을 수 있다.

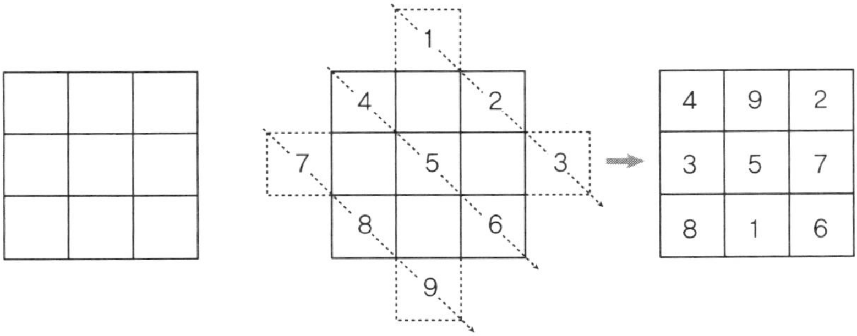

A B C

이 방법으로 다음과 같이 5방진과 7방진도 만들 수 있다.

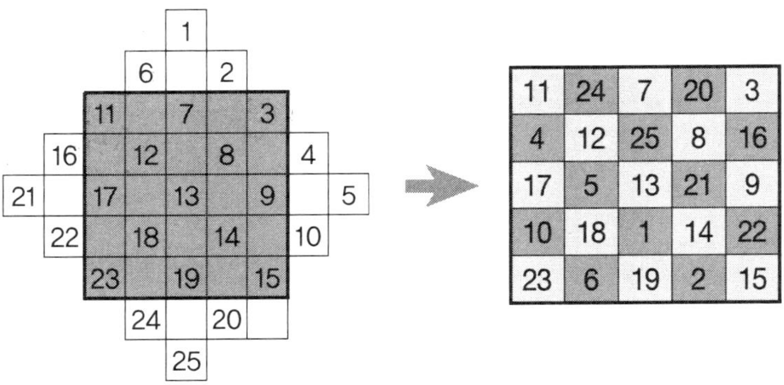

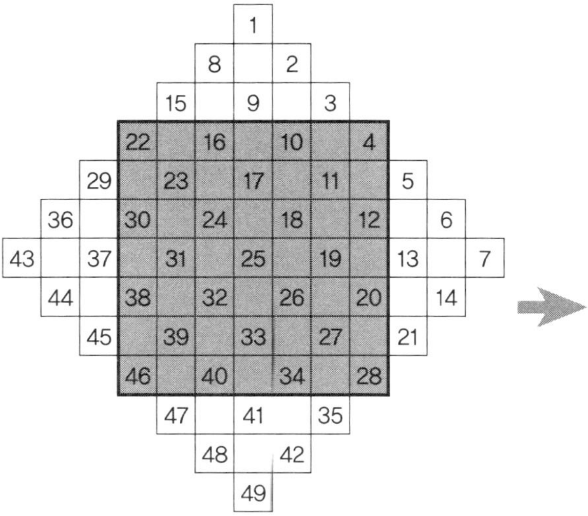

22	47	16	41	10	35	4
5	23	48	17	42	11	29
30	6	24	49	18	36	12
13	31	7	25	43	19	37
38	14	32	1	26	44	20
21	39	8	33	2	27	45
46	15	40	9	34	3	28

위의 왼쪽 그림에서와 같이, 보조 칸을 그려 차례대로 숫자를 배열한 후, 보조 칸에 있는 숫자(음영으로 표시되어 있지 않은 숫자)를 반대방향으로 평행이동하여 반대쪽 빈칸에 적어 넣으면, 오른쪽 그림의 5방진과 7방진을 쉽게 구성할 수 있다. 이때, 5방진과 7방진의 각각의 가로와 세로 및 대각선에 배열된 수의 합이 65와 175로 항상 같음을 확인할 수 있다.

그러나 보조 칸을 그리는 것이 어려울 수 있으므로, 보조 칸을 그리는 방법을 생각해 보자.

예로, 7방진을 구성하려고 하는 경우, 1에서 7까지의 중간 숫자인 4를 오른쪽 위의 칸에 적고, 4에서 시작하여 대각선 위의 네모 칸에 7씩 더해 가면서 숫자를 적는다. 그리고 다음 그림에서와 같이, 1부터 7까지 적을 수 있도록 마름모 모양의 보조 칸을 그리면 홀수 마방진을 구성할 수 있다.

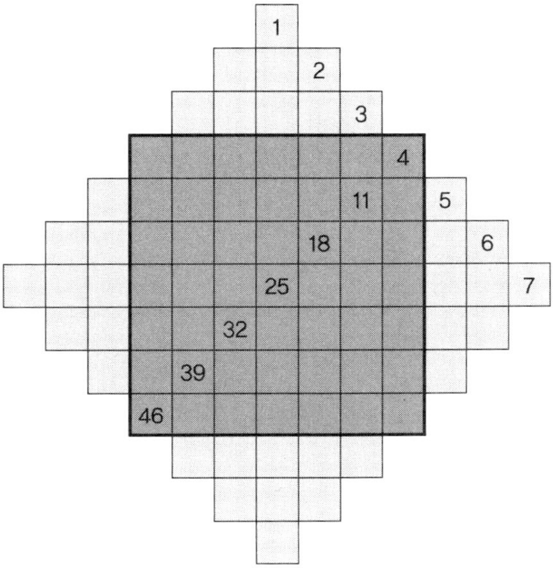

짝수 마방진의 경우는 일반적인 풀이 방법이 제시되지 못하고 있다. 그러나 다음과 같이 4의 배수인 마방진을 구성하는 방법은 알려져 있다.

먼저, 4방진을 만드는 한 방법을 소개한다.

① 다음의 왼쪽 그림에서와 같이, 가로와 세로를 각각 4칸으로 하는 정사각형 모양을 만들고, 1부터 16까지의 수를 왼쪽에서 오른쪽으로 아래로 내려가면서 네모 칸에 적어 넣는다.
② 왼쪽 그림에서 음영으로 표시된 대각선 위의 네모 칸에 있지 않는 숫자는 고정시킨다.
③ 나머지 숫자(대각선 위의 네모 칸에 있는 숫자)는 마방진의 중심점에 대해 점대칭이 되는 숫자끼리 서로 위치를 바꾸어

4방진을 구성한다. 즉 1과 16, 4와 13, 6과 11, 7과 10의 자리를 맞바꾸면(즉, 두 수의 합이 17인 숫자의 자리와 바꿈), 다음의 오른쪽 그림과 같이 각각의 가로와 세로 및 대각선에 배열된 수의 합이 모두 34로 동일한 4방진을 얻는다.

1	2	3	4
5	6	7	8
9	10	11	12
13	14	15	16

→

16	2	3	13
5	11	10	8
9	7	6	12
4	14	15	1

같은 방법으로, 다음 그림에서와 같이 8방진을 구성할 수 있다. 이때, 각각의 가로와 세로 및 대각선에 배열된 수의 합이 모두 260으로 같은지 확인해보아라. 실제로, 대각선 위의 네모 칸에 있는 숫자는 두 수의 합이 65인 숫자의 자리와 맞바꾸었다.

1	2	3	4	5	6	7	8
9	10	11	12	13	14	15	16
17	18	19	20	21	22	23	24
25	26	27	28	29	30	31	32
33	34	35	36	37	38	39	40
41	42	43	44	45	46	47	48
49	50	51	52	53	54	55	56
57	58	59	60	61	62	63	64

→

64	2	3	61	60	6	7	57
9	55	54	12	13	51	50	16
17	47	46	20	21	43	42	24
40	26	27	37	36	30	31	33
32	34	35	29	28	38	39	25
41	23	22	44	45	19	18	48
49	15	14	52	53	11	10	56
8	58	59	5	4	62	63	1

또한, 다음의 12방진은 어떻게 구성한 것인지 살펴보아라.

144	2	3	141	140	6	7	137	136	10	11	133
13	131	130	16	17	127	126	20	21	123	122	24
25	119	118	28	29	115	114	32	33	111	110	36
108	38	39	105	104	42	43	101	100	46	47	97
96	50	51	93	92	54	55	89	88	58	59	85
61	83	82	64	65	79	78	68	69	75	74	72
73	71	70	76	77	67	66	80	81	63	62	84
60	86	87	57	56	90	91	53	52	94	95	49
48	98	99	45	44	102	103	41	40	106	107	37
109	35	34	112	113	31	30	116	117	27	26	120
121	23	22	124	125	19	18	128	129	15	14	132
12	134	135	9	8	138	139	5	4	142	143	1

다음 표의 왼쪽은 0부터 17까지의 홀수로 만든 마방진으로 가로, 세로 및 대각선에 배열된 수의 합은 모두 27이고, 오른쪽은 짝수로 만든 마방진으로 그 합은 24이다.

15	1	11
5	9	13
7	17	3

14	0	10
4	8	12
6	16	2

이제 정사각형 모양이 아닌 여러 형태의 자연수 배열을 생각해 보자.

다음은 원주 8원진이라고 불리는 것으로, 1부터 33까지의 자연수를 4개의 동심원으로 배열한 것이다. 이들 4개의 동심원 위의 수의 합은 모두 140이며, 여기에 중심에 있는 1을 더하면 141이다. 그리고 4개의 지름 위의 숫자의 합도 모두 141이고, 이웃하는 반지름 위의 수의 합도 모두 141이다.

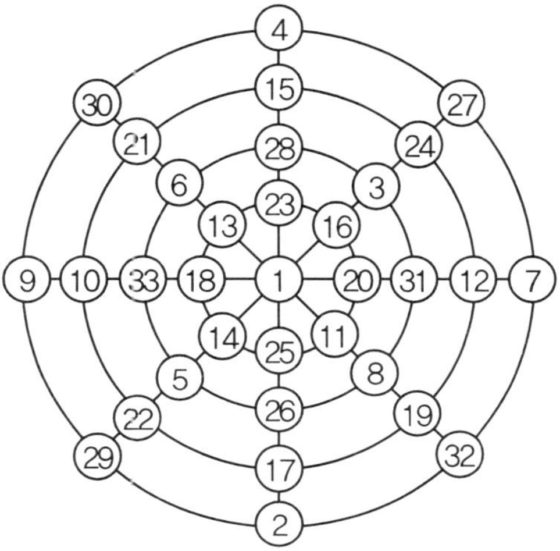

다음 그림의 왼쪽은 1부터 10까지의 자연수를 4개의 삼각형 모양으로 배열한 것으로, 3개의 작은 삼각형 세 변 위의 수의 합은 모두 35이다. 또한, 오른쪽은 1부터 15까지 자연수를 2개의 삼각형으로 나타낸 것으로 각 변 위의 수의 합은 모두 26이다.

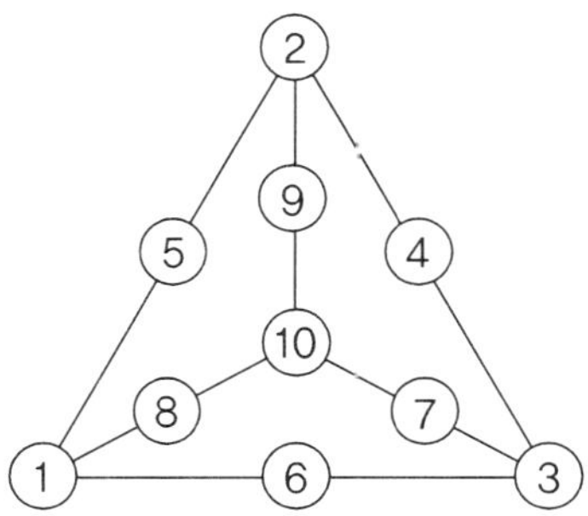

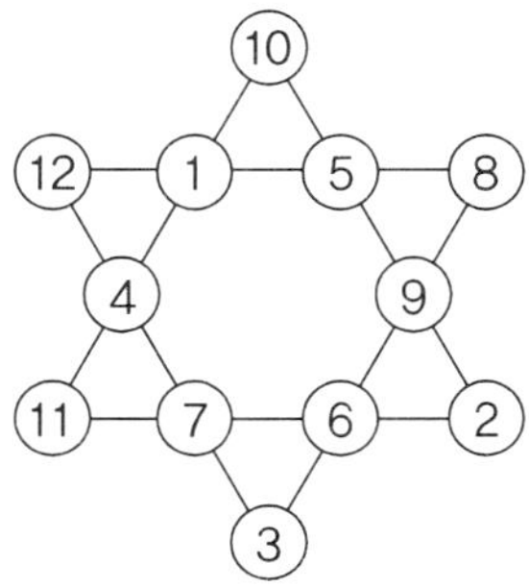

두 번째 이야기

하노이 탑의 전설

다음과 같은 **하노이 탑**Hanoi Tower에 대한 전설이 전해온다고 한다.

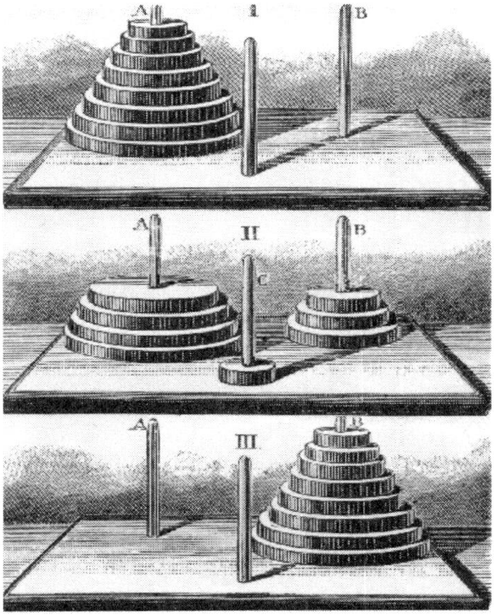

천지 창조 때, 크기가 다른 64개의 금으로 된 원판이 다이아몬드로 된 3개의 기둥에 끼워져 베트남의 수도 하노이에 있는 한 사원에 보관되어 있었다. 창조주가 그 사원의 승려에게 그 원판들을 법칙에 따라 모두 옮기라고 하면서 '모든 원판이 옮겨지면 세상은 종말이 올 것이며, 충실한 자는 상을 받을 것이고 불충실한 자는 벌을 받을 것

이다.'라고 했다.

동판에 3개의 막대가 세워져있고, 크기가 서로 다른 n 개의 원판이 한 막대에 꽂혀있다고 하자. 이때, 다음과 같은 규칙으로 원판을 모두 다른 막대로 옮기는 데 필요한 최소 이동 횟수를 생각해보자.

규칙 1 한 번에 한 개의 원판만 옮긴다.

규칙 2 크기가 큰 원판은 반드시 크기가 작은 원판 아래쪽에 있어야 한다.

원판이 1개뿐이라면 원판의 이동 횟수는 1회이다. 원판이 모두 2개이면, 다음 그림과 같은 단계로서 3회에 걸쳐 원판을 모두 옮길 수 있다.

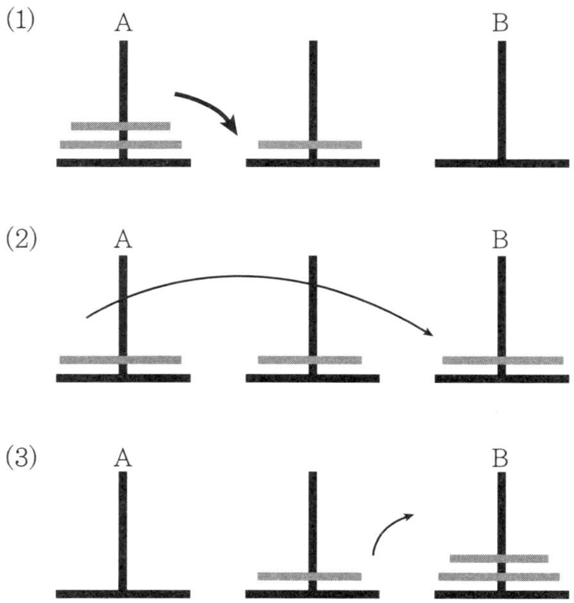

따라서 n 개의 원판을 모두 옮기는 데 필요한 원판의 이동 횟수를 $P(n)$ 이라 하면

$$P(1)=1,\ P(2)=3,\ P(3)=7,\ \cdots$$

이다. 일반적으로 $P(n)$ 은 $P(n-1)$ 으로부터 유도할 수 있다. 즉, 다음의 그림을 참고하여 생각해보자.

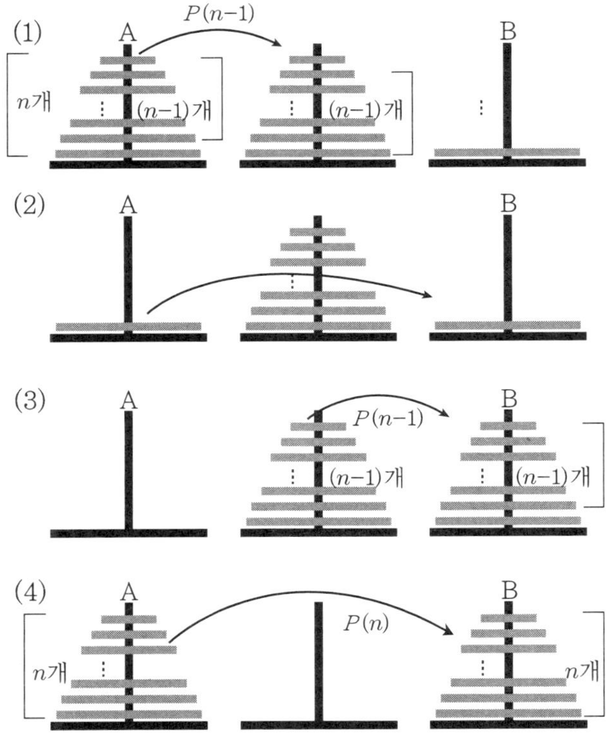

위 그림에서 모든 자연수 n 에 대하여 다음의 관계식

$$P(n)=2P(n-1)+1$$

을 예측할 수 있다. 이 식에 1부터 차례로 대입하면

$$P(1) = 1$$
$$P(2) = 2P(1)+1 = 2+1 = 3$$
$$P(3) = 2P(2)+1 = 2\times3+1 = 4+2+1 = 7$$
$$P(4) = 2P(3)+1 = 2\times7+1 = 8+4+2+1 = 15$$
$$\cdots$$
$$P(n) = 1+2+2^2+\cdots+2^{n-1} = \frac{2^n-1}{2-1} = 2^n-1$$

그러므로 원래의 하노이 탑의 경우는 $n=64$ 인 경우이므로, 64개의 원판의 이동에 필요한 최소의 이동 횟수는 다음과 같다.

$$P(64) = 2^{64}-1 = 18,446,744,073,709,551,615 \approx 1,847\text{경}$$

하노이 탑의 전설에서 승려들이 원판 하나를 옮기는 데 1초가 걸린다고 가정하면, 이 원판을 모두 옮기는 데 필요한 시간은 약 5,845억 년이 걸린다. 천문학자들은 우주의 나이는 약 200억 년이고 지구의 나이는 약 30억 년이라고 한다. 이 전설에 따르면, 세상의 종말까지는 아직도 5,000억 년 이상의 수많은 세월이 남아있다는 이야기가 된다. 과학자들은 태양계의 수명을 약 5,000억 년 미만으로 추정하고 있으므로, 이 하노이 탑의 원판을 모두 옮기려면 태양계의 운명이 끝난 이후가 될 것이다.

프랑스의 수도사였던 메르센Marin Mersenne, 1588~1648은

$$2^2-1=3,\ \ 2^3-1=7,\ \ 2^5-1=31,\ \ 2^7-1=127$$

과 같이 2^n-1 형태의 많은 수가 소수임을 발견하였다. 여기서, **소수**素數, prime number는 2, 3, 5, 7, 11, 13, …과 같이, 1과 자신을 제외하고는 다른 약수를 갖지 않는 자연수를 말한다. 앞에서, 우리는 n 개의 원판을 모두 옮기는 데 필요한 원판의 이동 횟수 $P(n)$ 도 $P(n)=2^n-1$ 임을 살펴보았다. 이와 같이, 2^n-1 (단, n 은 소수) 형태의 소수를 **메르센 소수**Mersenne prime라고 부른다. 예로, 3과 7은 둘 다 소수이고 $3=2^2-1$, $7=2^3-1$ 이므로, 3과 7은 둘 다 메르센 소수이다. 그러나 n 이 소수일 때, 2^n-1 형태의 수가 반드시 소수라는 보장은 없다. 예로, $2047=2^{11}-1$ 이고 11은 소수이지만, $2047=23 \cdot 89$ 이 되어 2047은 소수가 아니다.

1644년 메르센은 2^n-1 형태가 소수가 되는 것은, $n \le 257$ 인

$$n=2,\ 3,\ 5,\ 7,\ 13,\ 17,\ 19,\ 31,\ 67,\ 127,\ 257$$

뿐이라고 발표하였으나, 이는 잘못임이 밝혀졌다. 즉, 메르센의 목록에 포함되지 않은 $n=61, 89, 107$ 인 경우도 소수이며, 목록에 포함된 $n=67, 257$ 인 경우는 합성수로 밝혀졌다.

다음 표는 2009년까지 발견된 47개의 메르센 소수를 나타낸 것이다.

연번	n	메르센 소수(2^n-1)	메르센 소수 자리 수	발견시기 (연도)
1	2	3	1	고대
2	3	7	1	고대

연번	n	메르센 소수(2^n-1)	메르센 소수 자리 수	발견시기 (연도)
3	5	31	2	고대
4	7	127	3	고대
5	13	8191	4	1456년
6	17	131071	6	1588년
7	19	524287	6	1588년
8	31	2147483647	10	1772년
9	61	2305843009213693951	19	1883년
10	89	618970019…449562111	27	1911년
11	107	162259276…010288127	33	1914년
12	127	170141183…884105727	39	1876년
13	521	686479766…115057151	157	1952년
14	607	531137992…031728127	183	1952년
15	1,279	104079321…168729087	386	1952년
16	2,203	147597991…697771007	664	1952년
17	2,281	446087557…132836351	687	1952년
18	3,217	259117086…909315071	969	1957년
19	4,253	190797007…350484991	1,281	1961년
20	4,423	285542542…608580607	1,332	1961년
21	9,689	478220278…225754111	2,917	1963년
22	9,941	346088282…789463551	2,993	1963년
23	11,213	281411201…696392191	3,376	1963년
24	19,937	431542479…968041471	6,002	1971년
25	21,701	448679166…511882751	6,533	1978년
26	23,209	402874115…779264511	6,987	1979년
27	44,497	854509824…011228671	13,395	1979년
28	86,243	536927995…433438207	25,962	1982년
29	110,503	521928313…465515007	33,265	1988년
30	132,049	512740276…730061311	39,751	1983년
31	216,091	746093103…815528447	65,050	1985년
32	756,839	174135906…544677887	227,832	1992년
33	859,433	129498125…500142591	258,716	1994년
34	1,257,787	412245773…089366527	378,632	1996년
35	1,398,269	814717564…451315711	420,921	1996년

연번	n	메르센 소수(2^n-1)	메르센 소수 자리 수	발견시기 (연도)
36	2,976,221	623340076…729201151	895,932	1997년
37	3,021,377	127411683…024694271	909,526	1998년
38	6,972,593	437075744…924193791	2,098,960	1999년
39	13,466,917	924947738…256259071	4,053,946	2001년
40	20,996,011	125976895…855682047	6,320,430	2003년
41	24,036,583	299410429…733969407	7,235,733	2004년
42	25,964,951	122164630…577077247	7,816,230	2005년
43	30,402,457	315416475…652943871	9,152,052	2005년
44	32,582,657	124575026…053967871	9,808,358	2006년
45	37,156,667	202254406…308220927	11,185,272	2008년
46	42,643,801	169873516…562314751	12,837,064	2009년
47	43,112,609	316470269…697152511	12,978,189	2008년

표의 47번째 메르센 소수의 자리 수는 12,978,189이다. 이를 1 페이지에 80개 자리 수의 숫자를 50줄로 나타낼 때, 몇 페이지의 용지가 필요할지 계산해보라! 그러면 그 수가 얼마나 큰 수인지 상상할 수 있을 것이다. 그리고 41번째인 $n=24,036,583$과 47번째인 $n=43,112,609$ 사이에 아직 발견되지 않은 다른 메르센 소수가 있는지는 알려져 있지 않다.

최근에 알려진 메르센 소수는 미국의 쿠퍼 교수가 2013년에 발견한 17,425,170자리 수인 $(2^{57885161}-1)$이다. 이는 48번째 메르센 소수로, 36만 대의 컴퓨터 프로세서를 연결하여 1초당 150조 회의 연산을 할 수 있는 '메르센 소수 공동 프로젝트'를 통해 발견하게 되었으며, 쿠퍼 교수는 이 소수의 발견으로 상금 3천 달러를 받았다고 한다.

다음으로, 하노이 탑의 이동 횟수를 구하기 위해서 이용하였던 무한급수의 합에 대해 알아보자.

주어진 수열 $\{a_n\}$에 대해서

$$\sum_{n=1}^{\infty} a_n = a_1 + a_2 + \cdots + a_n + \cdots$$

을 **무한급수**infinite series 또는 **급수**series라 하고, a_n을 급수 $\sum_{n=1}^{\infty} a_n$의 **제n항**이라 한다. 이때

$$S_n = a_n + a_2 + \cdots + a_n = \sum_{k=1}^{n} a_k$$

를 급수의 **제n 부분합**nth partial sum이라 하고, 부분합들로 된 수열 $\{S_n\}$이 수렴하면 급수 $\sum_{n=1}^{\infty} a_n$이 **수렴한다**converge고 하고, $\{S_n\}$이 발산하면 급수 $\sum_{n=1}^{\infty} a_n$도 **발산한다**diverge고 정의한다. 만약 수열 $\{S_n\}$이 S에 수렴하면, S를 급수의 **합**sum이라 하고 $\sum_{n=1}^{\infty} a_n = S$로 나타낸다.

예로, 무한급수 $\sum_{n=1}^{\infty} (-1)^{(n-1)} = 1 - 1 + 1 - 1 + \cdots$의 부분합은

$$S_1 = 1,\ S_2 = 1 - 1 = 0,\ S_3 = 1 - 1 + 1 = 1,$$
$$S_4 = 1 - 1 + 1 - 1 = 0,\ \cdots$$

이므로, 부분합들로 이루어진 수열 1, 0, 1, 0, $\cdots$은 발산한다. 따라서 주어진 급수는 발산한다.

다음의 예로, $\frac{1}{2}+\frac{1}{4}+\frac{1}{8}+\frac{1}{16}+\cdots$ 의 합을 구해보자. 여기서 제n 부분합은

$$S_n = \frac{1}{2}+\frac{1}{2^2}+\cdots+\frac{1}{2^n}$$

이므로

$$\frac{1}{2}S_n = \frac{1}{2^2}+\frac{1}{2^3}+\cdots+\frac{1}{2^{n+1}}$$

이고, 위의 두 식에서 다음 관계식을 얻는다.

$$\frac{1}{2}S_n = \frac{1}{2}\left(1-\frac{1}{2^n}\right) \quad \text{또는} \quad S_n = 1-\frac{1}{2^n}$$

따라서 급수의 합은 $S=\lim_{n\to\infty} S_n = 1$ 임을 알 수 있다.

이제, 무한등비급수 $a+ar+ar^2+\cdots+ar^{n-1}+\cdots\ (a\neq 0)$ 의 합을 알아보자.

먼저, $r=1$ 이면 주어진 급수는 $a+a+a+\cdots$ 이고, 제n 부분합은 $S_n = na$ 이므로

$$\lim_{n\to\infty} S_n = \lim_{n\to\infty} na = \pm\infty$$

가 되어 발산한다. 여기서, 부호는 a 의 부호에 따라 결정된다. 만일, $r=-1$ 이면 주어진 급수는 $a-a+a-a+\cdots$ 이므로, 부분합들로 이루어진 수열은 $a, 0, a, 0, \cdots$ 가 되어 역시 발산한다.

$|r| \neq 1$ 이면, 제n 부분합은

$$S_n = a + ar + ar^2 + \cdots + ar^{n-1}$$

이므로

$$rS_n = ar + ar^2 + ar^3 + \cdots + ar^n$$

이다. 따라서 $S_n - rS_n = a - ar^n$ 이 되어

$$S_n = \frac{a - ar^n}{1-r} = a\left(\frac{1}{1-r} - \frac{r^n}{1-r}\right)$$

을 얻는다. 여기서, $|r| < 1$ 이면 $\lim_{n\to\infty} S_n = \frac{a}{1-r}$ 가 되어 주어진 급수는 수렴하고, $r > 1$ 이면 $\lim_{n\to\infty} S_n = \pm\infty$ (a 의 부호에 따라 결정)이고, $r < -1$ 이면 S_n 이 진동하므로 주어진 급수는 발산한다.

세 번째 이야기

황금비의 아름다움

황금비golden rate는 가장 조화롭고 아름다운 비율이라는 뜻으로 붙여진 이름으로 신성비례라고 부를 정도로 중요시되었다. 특히, 도형이나 입체 등에서는 황금비를 많이 이용하는데, 황금비는 선분의 분할로

전체 길이 : 긴 길이 = 긴 길이 : 짧은 길이

를 만족하는 분할의 비를 말한다.

황금비는 무리수 $(\sqrt{5}+1)/2$로 나타나는데, 보통 소수점 셋째 자리까지인 1.618을 사용한다. 이 황금비는 우리의 생활 주변에서 많이 볼 수 있다.

꽃은 대개 정오각형 모양으로 되어 있는데 정오각형의 한 변의 길이와 그 대각선의 길이의 비가 바로 황금비이다. 황금비를 이용하여 만든 물건이나 건축물 등은 다른 비율을 사용하여 만든 것에 비해 가장 안정적으로 느껴진다고 한다. 우리가 아름답게 느끼는 화음에서도 이 비율이 적용된다고 하며, 심지어 아름다운 몸매를 가진 8등신 여인들의 배꼽의 위치는 발바닥에서부터 정확히 몸 전체의 61.8퍼센트에 해당된다. 황금비가 사람에게 호감과 조화감을 준다는 사실은 고대부터 인정된 사실이며 지난 세기말 이래로 많은 과학적 실험으로도 증명되어 왔다.

케플러Johannes Kepler, 1571~1630가 '기하학에는 두 가지 보물이 있는데, 하나는 피타고라스 정리이고 또 하나는 황금비'라고 말할 정도로 황금비는 자연, 과학, 인체, 예술 등 아름다움이 있는 곳이면 어디서나 발견되는 기하학의 주제이다. 황금사각형은 가로와 세로가 황금비를 이루는 직사각형으로, 우편엽서, 거울, 전자계산기, 신용카드, 명함 등에서 찾아볼 수 있다. 세 장의 명함을 아래의 왼쪽 그림과 같이 절단하여 잘 끼워 맞추면 오른쪽 그림과 같은 모양의 입체가 만들어진다.

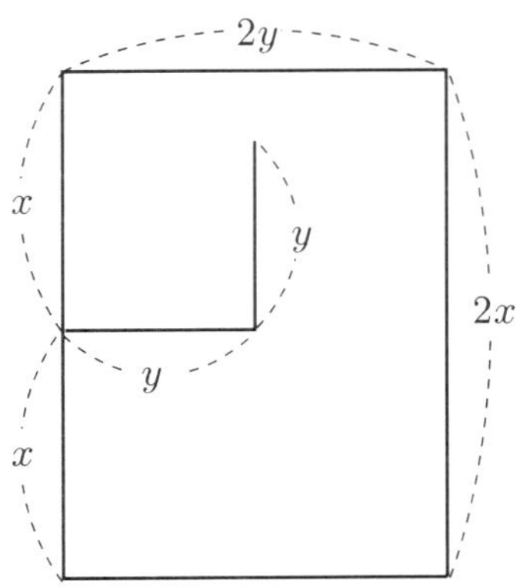

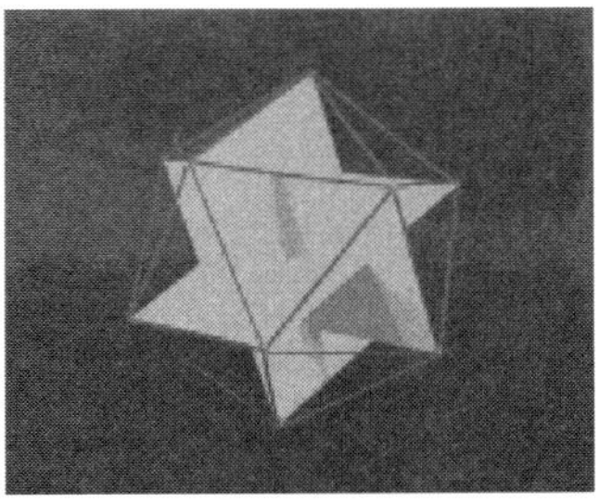

여기서

$$x : y \approx 1 : 1.618$$

로 한다. 완성된 입체의 12개의 꼭짓점을 끈으로 연결하면 정이십면체가 만들어진다. 이는 명함의 가로와 세로의 비가 황금비, 즉 1 : 1.618이기 때문이다. 이렇게 완성된 정이십면체의 각 모서리를 3등분해서, 꼭짓점 부분을 제거하면 축구공 모양의 다면체가 생긴다. 결국 세 장의 명함으로부터 만들어지는 입체는 축구공의 골격이 되는 것이다.

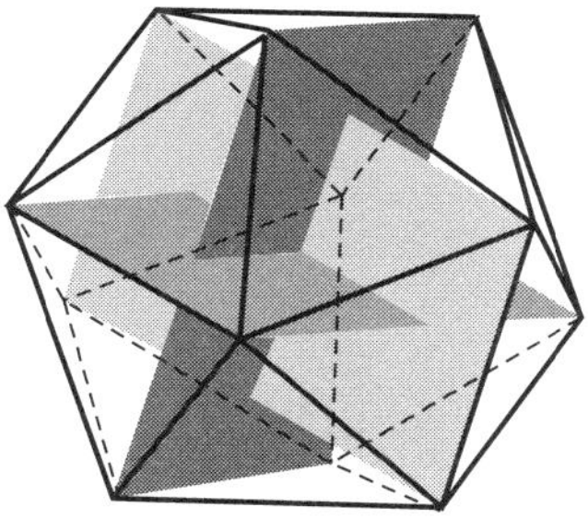

황금사각형과 정이십면체

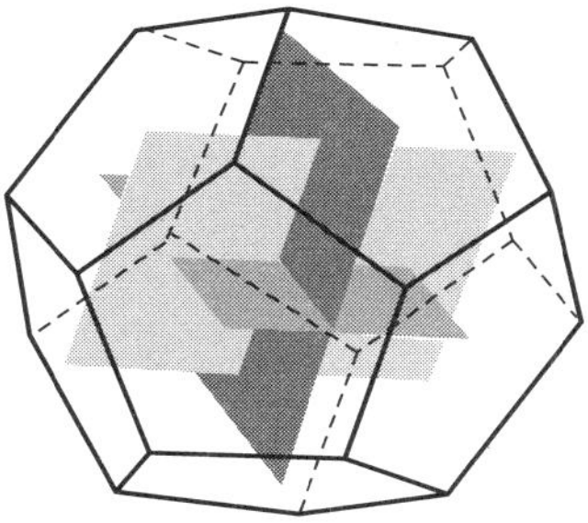

황금사각형과 정십이면체

건축, 조각, 회화와 공예 등의 조형예술 분야에서는 통일된 하나의 원리로서 황금비를 널리 활용하고 있다. 자연의 조화, 즉 잎맥, 종자의 형상, 조개껍데기, 소용돌이, 세포의 성장 등에서 이 조화로운 비를 발견하기도 한다.

황금비는 일상생활 속에서도 쉽게 찾을 수 있는데, 예를 들면, 담뱃갑, 명함, 액자, 책, 가구, 명함과 건물의 크기 등도 두 변의

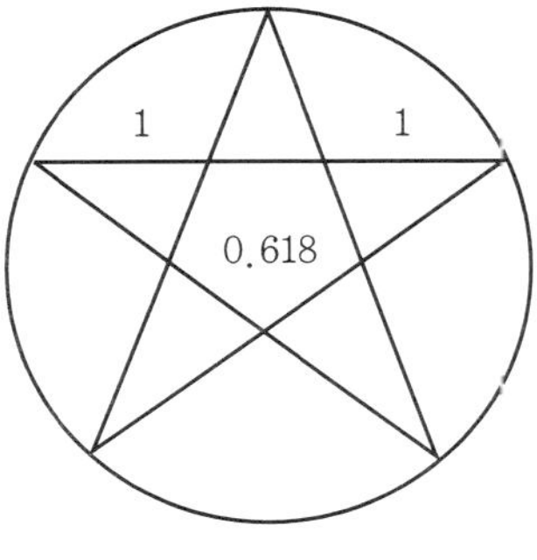

비가 황금비에 가깝다. 특히, 왼쪽 그림과 같은 별 모양의 황금비는 피타고라스Pythagoras, 기원전 582?~497?가 보기에 너무나 아름답고 신기하여 피타고라스 학파의 심벌마크로 삼았으며, 피타고라스는 모자에 이 마크를 표시하고 강단에 섰다고 한다.

별을 ☆ 모양으로 처음 제안한 사람은 피타고라스로 알려져 있다. 그와 그의 친구들은 밤하늘을 무척 좋아하여 별 구경을 즐겼다고 하는데, 그들은 우주가 가장 아름답고 조화로운 곳이라 하여 우주를 조화를 뜻하는 **코스모스**cosmos라고 하였다. 그 당시 유럽 사람들이 가장 완벽하고 안정된 모양으로 여겼던 것은 세워져 있는 오각형이었다. 균형 잡힌 오각형으로 집을 지으면 귀신도 들어올 틈도 없다고 생각하였는데, 별 모양은 이 오각형을 기본으로 만들어졌다. 즉, 오각형의 각 꼭짓점들을 서로 연결하면 별 모양이 나온다. 그런데 오각형 속의 별 모양을 자세히 살펴보면 제일 작은 선분에서부터 그 다음 길이의 선분이 황금분할로 되어 있고, 그 선분은 또 그보다 긴 선분과 황금분할로 되어 있음을 알 수 있다. 즉, 가장 작은 선분에서부터 가장 긴 선분까지 차례로 황금분할로 이루어져 있다.

파르테논 신전은 기원전 447년에 시작하여 기원전 438년까지 건축되었는데, 파르테논 신전이 그토록 아름답게 보이는 것은 아름다운 대리석의 장식이 수학적으로 잘 어울려 조화를 이루고 있기 때문이다. 즉, 신전 각 부분이 정확하게 기하학적인 비율로 되어 있다는 점이다. 기둥머리 부분의 길이, 기둥 아래의 지름, 기둥과 기둥의 중심 간격, 기둥 높이, 신전의 정면 폭과 신전의 옆면 길이는 순서대로 $\sqrt{5}$ 씩 증가한다. 우리나라의 대표적인 고대 미술품인 다보탑과 석굴암 등의 기하학적인 도형에서는 정사각형의 한 변과 대각선의 비인 $1 : \sqrt{2}$ 가 많이 사용되었음을 알 수 있다.

지금까지 남아 있는 유물 중에서 황금분할을 적용한 가장 오래된 예는 기원전 4700여 년 전에 만들어진 고대 이집트의 피라미드에서 찾아볼 수 있다. 이로 미루어 보아 사람들이 황금비의 개념과 효용가치를 안 것은 훨씬 이전부터일 것이라는 추측이 가능하다. 이집트인들이 발견한 황금비는 그 뒤 그리스로 전해져 그리스의 조각, 회화, 건축 등에 철저히 적용되었다.

또한, 고대 이집트인들은 같은 간격으로 매듭이 있는 줄을 가지고 길이의 비가 3:4:5인 직각삼각형을 만들어, 이를 피라미드와 신전 등의 각종 건축물에 사용하였다. 여기서, 세 변의 길이의 비가 3:4:5인 직각삼각형의 최단 선분과 최장 선분의 비는 3 : 5로 황금비에 가깝다는 사실을 알 수 있다. 실제로, 오른쪽 그림에서 보는 바와 같이 피리미드의 밑면이 정사각형의 각 변으로부터 중심에 이

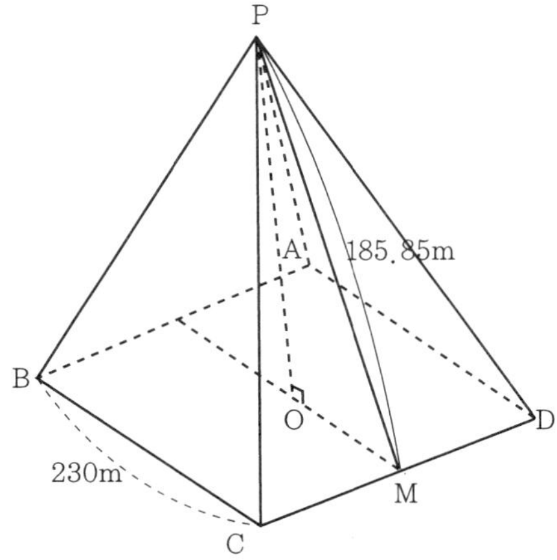

르는 거리OM와 능선PM의 길이의 비는 1 : 1.616 으로 황금비에 가깝다.

$$\frac{\overline{PM}}{\overline{OM}} = \frac{185.85}{115.00} \simeq 1.616$$

사람의 얼굴은 인종, 민족, 성별, 연령 등에 따라 각양각색이지만, 신체에 있어서는 8등신 혹은 9등신이라 하여 이상적인 균형미를 수치로 표현하고 있다. 얼굴에서도 그 나름대로 가장 이상적인 균형, 즉 황금비를 찾아볼 수 있다. 대개 계란형의 얼굴을 미인형이라고 하는데, 얼굴의 둘레에 직사각형을 그리면 황금사각형을 이룬다. 그리고 입을 지나는 가로선에서 코를 지나는 가로선까지의 길이와 코를 지나는 가로선에서 눈의 중심을 지나는 가로선까지의 길이의 비율도 황금비인 1 : 1.618 임을 발견할 수 있다. 또한, 코에서 입까지의 길이와 턱 끝에서부터 입까지의 길이의 비율도 황금비와 유사하게 나타난다.

다음 쪽 그림은 레오나르도 다빈치의 **비트루비우스의 인체비례**이다. 이는 고대 로마의 문헌에 나오는 다음의 비트루비우스의 글을 읽고 다빈치가 그린 것이다.

> **자연이 낸 인체의 중심은 배꼽이다. 등을 대고 누워서 팔 다리를 뻗은 후, 컴퍼스 중심을 배꼽에 맞추고 원을 돌리면 두 팔의 손가락 끝과 발가락 끝이 원에 붙고, 또한 정사각형으로도 된다. 이는 사람 키를 발바닥에서 정수리까지 잰 길이는 두 팔을 가로 벌린 너비와 같기 때문이다.**

음악에서도 아름다운 음은 일정한 비율을 지닌다. 세종대왕이 우리의 옛 음악을 정비할 때에 황종률이라는 기본 음계를 나타내는 피리의 길이를 근거로 하여 이것과의 비율에서 다른 음계를 정하였다는 이야기는 너무도 유명하다.

모든 것의 근원은 '수'라고 주장한 피타고라스는 수를 바탕으로 음악이론을 세웠다. 어느 날, 그가 대장간 앞을 지나고 있을 때, 쇠를 치는 소리가 들려왔다고 한다. 소리는 공기의 진동에서 생기는 것이므로 여기에서 그는 소리와 공기의 진동수와의 사이에 깊은 연관이 있음을 문득 깨닫고 '음과 수'의 관계를 연구하였다. 그는 하프의 줄을 처음 튕겼을 때의 소리와 그 줄을 2/3로 줄이고 튕겼을 때의 소리를 비교하여 뒤의 것은 처음의 경우보다 4도 높은 소리가 나며 이들 두 개의 음이 서로 조화를 잘 이룬다는 사실을 알아냈다. 처음의 음계가 도였다면 길이를 2/3로 줄였을 때는 도보다 4도 높은 솔의 소리가 나고, 그 도와 솔은 조화를 잘 이룬다는 것, 즉 조화음임을 발견하였다.

피타고라스 학파는 모든 물질의 근원을 수로 파악하고 삼각수, 사각수 등 기하학적인 표현을 하려고 노력하였다. 그들에게 우주의 근본은 수이며, 특히 정수와 이들의 비, 즉 유리수만으로 모든 것을 나타낼 수 있다고 믿었다. 또한, 이들은 그리스어인 마테마mathema로부터 수학mathematics이라는 단어를 만들었다고 전해진다. 수학은 피타고라스 학파의 전체적 믿음의 체계에 영향을 주는 생활 철학이었던 것이다.

피타고라스는 수에서의 조화 관계에 의한 영혼의 정화를 인생의 목적으로 삼았으며 영혼의 불멸과 윤회를 믿고 엄격한 금욕생활을 하였다. 당시 사람들은 만물을 수학이나 과학을 통해 설명하려 하지 않고 신화로서 설명하려고 하였는데, 피타고라스 역시 현실주의자라기보다 신비주의자였다. 추종자들은 그를 기적의 실행자로 여겼으며 동시에 다른 장소에도 나타날 수 있다고 믿었다. 피타고라스는 영혼의 전이를 믿었는데 한번은 강아지가 매를 맞는 장면을 보고 "강아지를 그만 때려라. 이 강아지 안에는 내 친구의 영혼이 살아있다. 난 목소리에서 그것을 알 수 있다."고 말한 적도 있다고 한다.

피타고라스 학파의 업적 중에서도 "직각삼각형에서 빗변의 제곱은 다른 두 변의 제곱의 합과 같다."고 하는 피타고라스 정리는 매우 중요하며 다양하게 응용되고 있다. 파피루스에서 따르면, 이집트인들은 기원전 2300년경, 3 : 4 : 5의 길이를 이용하여 직각을 만들었으며, 인도에서는 기원전 400~500년경 15, 36, 39를 세 변으로 하는 삼각형으로 직각을 만들었다고 한다. 피타고라스 학파에서는 피타고라스 정리를 증명하고 너무 기뻐서 황소 100마리를 잡아 신에게 제사지냈다고 전해지고 있다. 한편으로는 피타고라스는 '영혼은 불멸하고 윤회, 전이하는 것'이라고 믿었으므로, 피를 흘리는 것을 좋아하지 않아 살아있는 소가 아니고, 밀가루로 만든 소 한 마리였다는 이야기도 있다.

$a^2+b^2=c^2$의 관계로부터 (3, 4, 5), (5, 12, 13)과 같이 피타고라스 정리를 만족하는 자연수 쌍들이 있는데, 이들은 피타고라스 수로 알려져 있다. 그러나 빗변을 제외한 길이가 모두 1인 직각이등변삼각형의 경우는 빗변의 길이가 $\sqrt{2}$로서, 이를 표현할 수 있는 유리수는 존재하지 않는다. 즉, 유리수가 아닌 무리수가 최초로 발견되었던 셈이다. 이로 인해, 그 당시 모든 수를 유리수 범위에서 다룬 피타고라스 학파에서는 큰 충격을 받았으나, 이를 철저히 비밀에 부치고 세상에 알리지 않기로 굳게 맹세하였다. 왜냐하면, 정수와 정수의 비로 모든 것을 설명할 수 있다는 자신들의 수학적 신념이 깨지는 것이 너무나 두려웠기 때문이었다. 그들은 끝까지 $\sqrt{2}$를 자연수의 분수 형태로 나타내려고 노력하였으며, $\sqrt{2}$와 같은 것은 수가 아니라고 강변하기도 하였다고 한다.

그러나 그들 중 한 사람인 히파수스Hippasus, 기원전 5세기가 이 사실을 외부에 누설하였고, 히파수스는 분노한 피타고라스 학파의 동료들에 의해 바다로 던져져 죽음을 당했다고 한다. 그들은 잘못된 신념으로 인하여 새롭게 밝혀진 과학을 받아들이지 못하는 어리석음을 범했던 것이다. 일설에 의하면, 히파수스는 바다에 빠져 사망한 것이 아니라 죽음을 가장하기 위해 무덤을 만들어 "히파수스 여기 고이 잠들다."라는 비문을 세우고 영원히 잠적하였다고도 한다. 여하튼 그는 무리수의 존재를 입증하여 사람들에게 알리고, 그로 인하여 피타고라스 학파로부터 쫓겨난 것은 분명한 사실로 보인다.

피타고라스 정리를 증명한 개가에 이은 새로운 수학적 발견은 감격스러운 것이었으나, 그들의 믿음에 대한 배반이기도 하였다. 아마도 히파수스는 피타고라스 학파의 교리를 위해 함구하는 것이 옳은 것인지, 아니면 감출 수 없는 진리를 밝히는 것이 옳은 것인지에 대한 수많은 고민 끝에 터뜨린 발설이었을 것이다. 그러나 이 새로운 수인 무리수는 19세기 이전까지도 수로써 취급받지 못하였다. 배신자의 달로가 죽음이라면 여러분은 배신과 진실 중에서 어느 것을 택하겠는가?

이제, 수의 발달에 대해 좀더 생각해보자.

인류사회가 발달하면서 작은 크기의 자연수에서 큰 자연수가 필요하게 되고 점차 수에 대한 연산과 새로운 수의 도입이 요구되었다. 유목생활에서 농경생활로, 산업화시대에서 정보화시대로 변천해 오면서 자연수, 정수, 유리수, 실수는 물론 복소수 및 새로운 추상적인 수 체계로 발전하였다. 우리가 흔히 말하는 사칙 연산인 덧셈, 뺄셈, 곱셈과 나눗셈에 대해 연산이 가능한 최소의 수의 범위는 유리수이다. 그러나 피타고라스 학파에서와 같이 선분의 길이를 나타내는 데 유리수로서 충분하지 못함을 알게 되었다. 또한, 우리는 주어진 도형의 넓이를 2배 또는 절반이 되게 하는 경우에도 대개 $\sqrt{2}$가 필요함을 알고 있다. 예로, 다음 그림과 같이 한 변의 길이가 2인 정사각형 $ABCD$에서 넓이가 절반인 정사각형은 주어진 정사각형의 각 변의 중점을 이어 만든 정사각형 $EFGH$로 작도할 수 있다. 이때, 새로 만든 정사각형의 한 변의 길이는 $\sqrt{2}$가 된다.

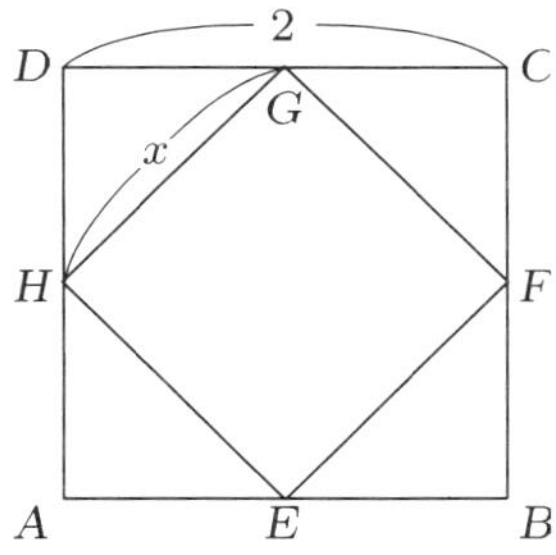

유리수 집합에 무리수 집합을 합하여 실수의 집합으로 확장한다. 모든 실수는 제곱하면 항상 0 이상이 되는데, 음이 되는 경우의 문제를 해결하기 위해서 도입한 것이 허수 $i=\sqrt{-1}$이다. 즉, $i^2=-1$을 만족한다. 현대수학에서는 실수의 연속성을 가정한다. 이러한 연속성의 보장으로 수직선, 평면 또는 공간좌표계의 도입, 함수의 극한과 연속은 물론 미분과 정적분 등에 대한 개념이 가능하게 되었다.

네 번째 이야기

피보나치 수열과 황금비

앞의 두 항을 더한 값을 다음 항으로 하는 수의 배열을 **피보나치 수열**Fibonacci sequence이라고 한다. 즉

$$F_1 = 1,\ F_2 = 1;\ F_n = F_{n-2} + F_{n-1} \quad (n \geq 3)$$

를 만족하는 수열을 말한다. 피보나치 수열은 우리 주변의 자연 환경에 많이 존재하고 있으며, 이는 자연의 미적 감각을 나타내기도 한다.

피보나치 수열

$$1,\ 1,\ 2,\ 3,\ 5,\ 8,\ 13,\ 21,\ 34,\ 55,\ 89,\ \cdots$$

은 신비롭게도 가장 조화로운 기하학적 비율인 황금비를 만들어

낸다. 피보나치 수열에서 앞뒤 숫자의 비율

$$\frac{1}{1}, \frac{2}{1}, \frac{3}{2}, \frac{5}{3}, \frac{8}{5}, \frac{13}{8}, \frac{21}{13}, \frac{34}{21}, \frac{55}{34}, \frac{89}{55}, \cdots$$

은 황금비인 1.618…에 수렴한다. 놀랍게도, 이 수열의 극한은 황금비인 $(\sqrt{5}+1)/2$ 이다. 황금비는 고대 그리스인들로부터 사랑을 받았던 비율이며, 정오각형 등 여러 곳에서 나타난다. 황금비는 피라미드, 파르테논 신전이나 다빈치, 미켈란젤로의 작품에서 시작하여 오늘날에는 신용카드와 담뱃갑, 종이의 가로 세로 비율에 이르기까지 광범위하게 사용되고 있다.

피보나치 수열은 12세기 말, 이탈리아의 수학자 피보나치 Fibonacci, 1170?~1250?가 제안하였다. 피보나치의 저서 《계산서》에는 다음 이야기가 실려 있다.

새로 태어난 암수 한 쌍의 토끼들은 한 달 후에 어른 토끼가 되고 어른 토끼가 되면 즉시 짝짓기를 하여, 한 달 뒤에는 자신들과 똑같은 암수 한 쌍의 새끼 토끼를 낳는다고 하자. 그 후에도 계속하여 한 달마다 짝짓기를 한다면 1년 후에는 몇 쌍의 토끼가 존재하겠는가? 단, 어떤 토끼도 죽지 않고 모든 토끼가 이와 같이 계속적으로 반복하여 출산한다고 가정한다. 만일, 다음과 같이 토끼의 가계도를 그리려 한다면 얼마 가지 않아 포기하고 말 것이다. 왜냐하면, 그 수가 너무 많아 그림으로 그리기가 불가능하기 때문이다.

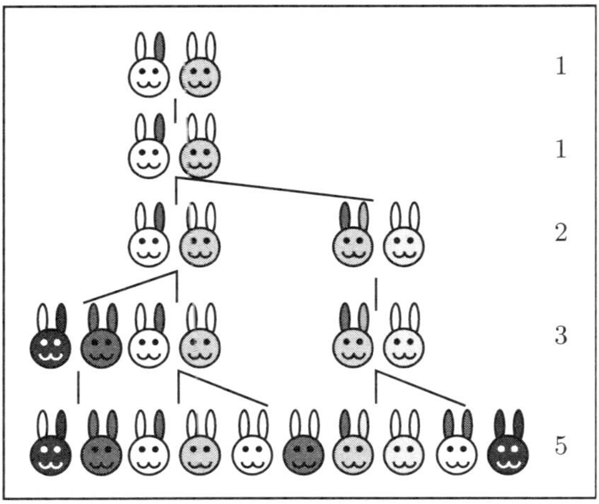

그런데 피보나치는 토끼 수의 증가를 나타내는 수 모양에서 연속된 두 수를 더하면, 그 다음 세대의 마리 수가 되는 흥미로운 형태를 발견하였다. 즉, n 달 후의 토끼 수를 a_{n+1} 쌍이라 하면

$$a_{n+2} = a_{n+1} + a_n$$

이 성립한다. 실제로, 한 달 후 토끼의 쌍의 수 $a_2 = 1$ 이고, 두 달 후는 $a_3 = 2$ 이므로

$$a_4 = 1 + 2 = 3, \quad a_5 = 2 + 3 = 5, \quad \cdots, \quad a_{13} = 233, \quad \cdots$$

임을 알 수 있다.

다음 그림은 피보나치 수열을 이용하여 황금직사각형을 연속적으로 작도한 것이다.

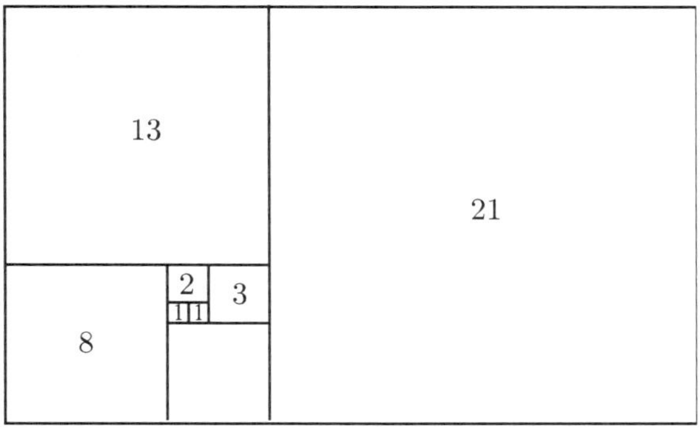

먼저, 한 변이 1(피보나치 수열의 제1항과 제2항)인 정사각형 두 개를 나란히 그린 다음, 두 변의 합 2(피보나치 수열의 제3항)를 한 변으로 하는 정사각형을 그린다. 다시, 피보나치 수열의 제2항과 제3항의 합 3을 한 변으로 하는 정사각형을 그리고, 또 제3항과 제4항의 합 5를 한 변으로 하는 정사각형을 그린다. 이러한 방법으로 계속하여 그려보면 새로 만들어지는 직사각형은 작도가 진행됨에 따라 황금직사각형이 되는데, 그 이유는 앞에서 살펴본 바와 같이 피보나치 수열의 비가 황금비를 이루기 때문이다. 이로부터, 한 아름다운 곡선을 얻을 수 있는데 이것이 바로 등각나선이다. **등각나선**conformal spiral은 **로그나선**logarithmic spiral이라고도 하는데, 이는 평면 위의 원점 O를 정점으로 하는 극좌표 (r, θ)에 대하여, 극방정식

$$r = ke^{c\theta} \quad (k > 0,\ c = \cot\phi)$$

로 주어진다. 다음 그림에서와 같이, 등각나선은 주어진 θ에 대응하는 직선과 이 곡선이 이루는 각 ϕ가 항상 일정하다.

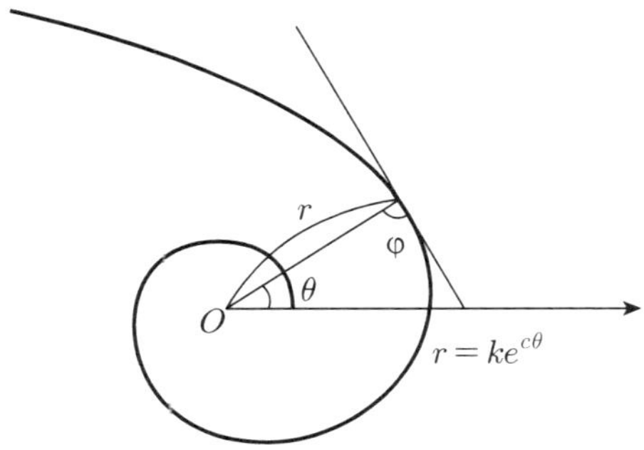

다음 그림의 앵무조개 껍질은 등각나선의 적합한 형상을 보이고 있다.

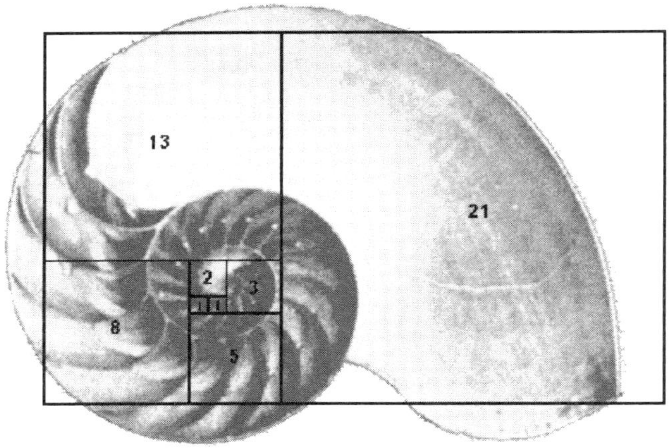

꽃잎 수에서도 우리는 그들만의 질서와 규칙성을 찾을 수 있다. 거의 모든 꽃잎은 1장, 2장, 3장, 5장, 8장, 13장, 21장, 34장, 55장, 89장, … 등으로 이루어져 있다. 예로서, 흰색칼라백합은 1장, 백합과 붓꽃은 3장, 접시꽃, 채송화, 패랭이, 동백꽃과 딸기꽃은 5장, 모란, 코스모스와 기생초는 8장, 금불초, 금잔화와 시네라리아의 꽃잎은 13장이다. 그리고 루드베키아는 21장, 질경이와 데이

접시꽃　　기생초　　루드베키아

지는 34장, 쑥부쟁이는 종류에 따라 55장과 89장이다. 이와 같이 꽃잎 수는 피보나치 수열을 따르고 있음을 알 수 있다.

한정된 공간에서 최적의 씨앗을 빈틈없이 고르게 배치하려는 꽃들과 열매의 노력이 수학적 해법으로 피보나치 수열을 선택하는 것이라고나 할까? 씨앗은 꽃머리에서 왼쪽과 오른쪽 두 개의 방향으로 엇갈리게 나선 모양으로 자리를 잡고 있다. 데이지꽃머리에는 서로 다른 34개와 55개의 나선이 있고, 해바라기꽃 머리에도 피보나치 수열의 수인 55개와 89개의 나선이 있다. 그리고 솔방울은 왼쪽으로 경사져 내려오는 13줄의 나선이 있는가 하면, 오른쪽으로는 8줄의 비스듬히 내려오는 나선이 있다. 양귀비의 열매는 13줄의 능선을 이루고 있다.

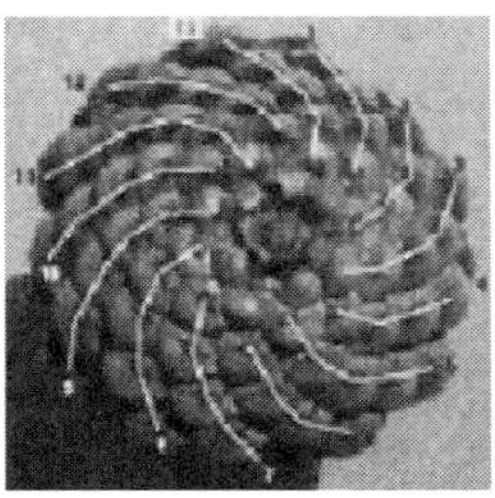

양귀비열매 13능선　　솔방울 13개 왼나선　　솔방울 8개 오른나선

피보나치 수열이 가장 잘 나타나 있는 것은 식물의 잎차례이

다. 잎차례는 줄기에서 잎이 나와 배열하는 방식이다. t번 회전하는 동안 잎이 n개 나오는 비율을 t/n로 나타낸다면, 참나무, 벚꽃나무와 사과나무는 2/5이고, 포플러나무와 장미, 배나무와 버드나무는 3/8, 갯버들과 아몬드는 5/13이다. 이들도 모두 피보나치 수열의 숫자이다. 전체 식물의 90퍼센트가 피보나치 수열의 잎차례를 따르고 있다고 한다. 이처럼 잎차례가 피보나치 수열을 따르는 것은 이것이 잎이 바로 위의 잎에 가리지 않고 햇빛을 최대로 많이 받을 수 있는 수학적 해법이기 때문이다.

우리는 앞에서 등각나선에 대해 알아보았다. 이제 등각나선에서 언급한 극방정식으로 표현된 흥미로운 몇 가지 곡선들을 살펴보기로 하자.

xy평면에서 점 $P(x, y)$의 위치는 다음 그림에서와 같이, 원점 O와 점 P 사이의 거리 r과 선분 OP와 x축이 이루는 각의 크기 θ를 사용하여 나타낼 수 있다. 이때, (r, θ)를 점 P의 **극좌표**polar coordinate라고 한다.

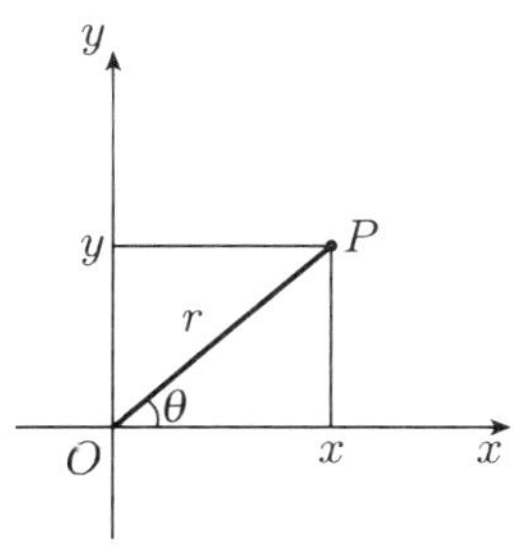

점 P의 극좌표 (r, θ)와 직교좌표 (x, y) 사이에는 다음의 관계식이 성립한다.

$$\begin{cases} x = r\cos\theta \\ y = r\sin\theta \end{cases} \qquad \begin{cases} r = \pm\sqrt{x^2+y^2} \\ \theta = \tan^{-1}\dfrac{y}{x} \end{cases}$$

극방정식 $r = f(\theta)$가 주어졌을 때, 이 방정식을 만족하는 (r, θ)를 극좌표로 갖는 점들의 집합이 이 극방정식의 그래프이다.

예로, $r = 4(1-\cos\theta)$의 그래프를 그려보자. 이 극방정식에서 $\cos(-\theta) = \cos\theta$를 만족하므로, $\pm\theta$에 대한 r의 값은 같다. 따라서 주어진 곡선은 기선을 품는 직선에 관해서 대칭이다. 그리고 각 θ에 대응하는 r의 값은 다음 표와 같다.

θ	0°	30°	60°	90°	120°	150°	180°
r	0	$4-2\sqrt{3}$	2	4	6	$4-2\sqrt{3}$	8

이 점들을 그래프로 나타내면, 다음과 같다. 이 곡선을 **심장형**cardioid이라 한다.

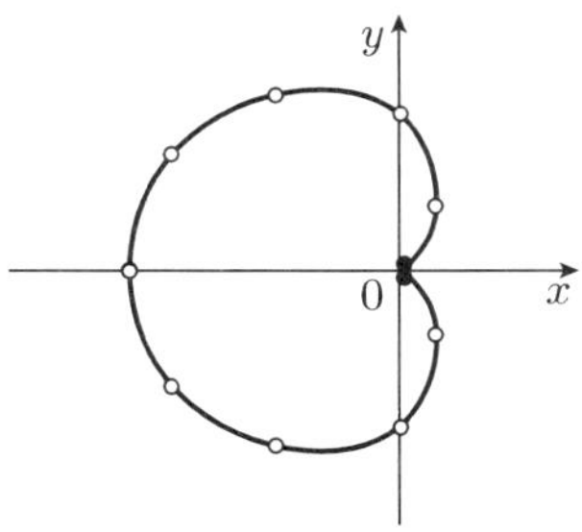

다음으로, **4엽장미선**4-leaves rose $r = 4\cos 2\theta$의 그래프를 그려보자. 이 곡선은 $\cos(-2\theta) = \cos 2\theta$를 만족하므로, 곡선의 그래프는 기선을 품는 직선에 관해서 대칭이다. 0°에서 90°까지 θ에

대응하는 r의 값을 구하면, 다음 표와 같다.

θ	$0°$	$15°$	$30°$	$45°$	$60°$	$75°$	$90°$
r	4	$2\sqrt{3}$	2	0	-2	$-2\sqrt{3}$	-4

따라서 4엽장미선의 그래프는 다음과 같다.

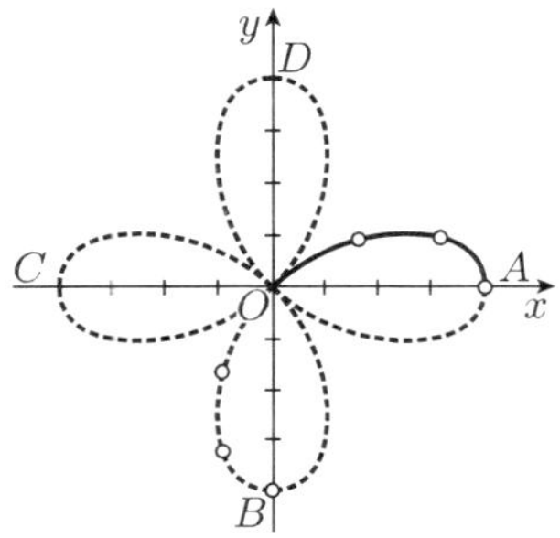

이외에도, 다음과 같은 흥미로운 곡선들이 많이 있다.

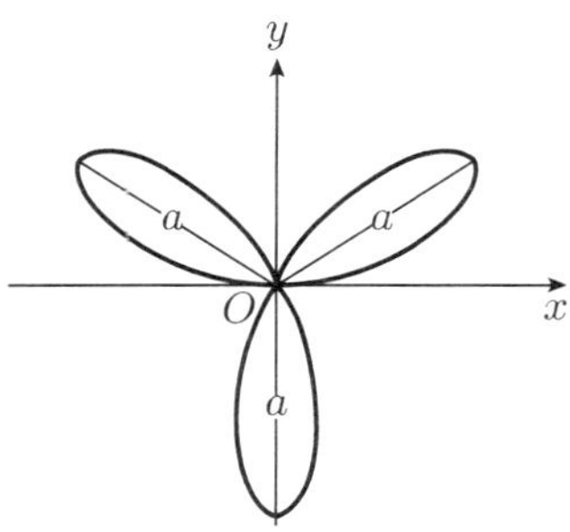

3엽장미선: $r = a\sin 3\theta$

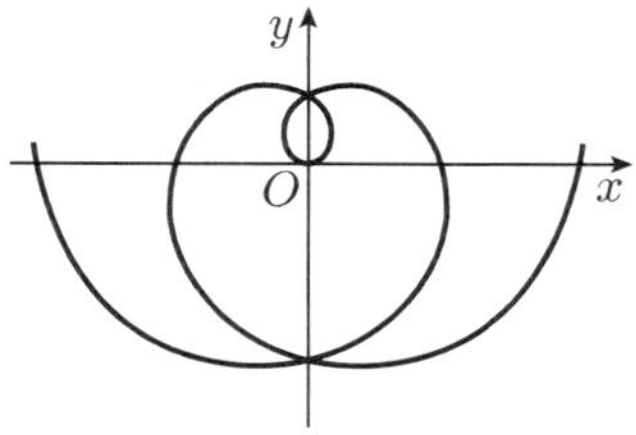

아르키메데스의 나선: $r = a\theta$

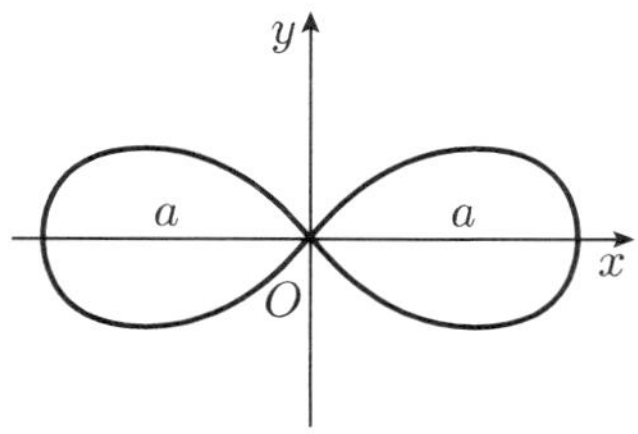

베르누이의 연주형: $r^2 = a^2 \cos 2\theta$

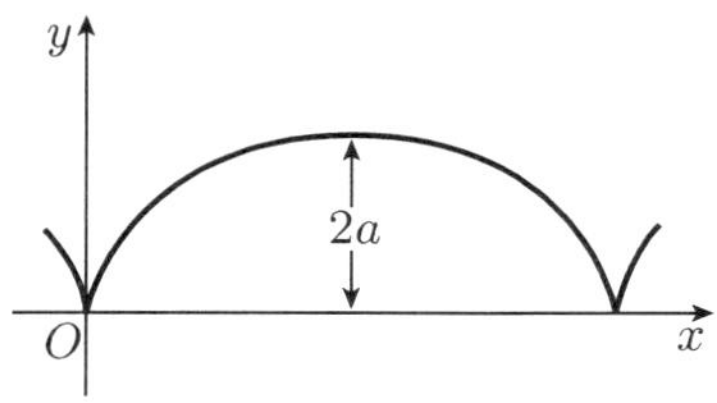

사이클로이드: $x = a(\theta - \sin\theta)$, $y = a(1 - \cos\theta)$

다섯 번째 이야기

원주율의 비밀

반지름 r 인 원의 원주의 길이 l 과 지름의 길이 $2r$ 과의 비는 반지름의 길이에 관계 없이 항상 일정하다. 이 비 $l/2r$ 이 **원주율**圓周率이며, 둘레를 뜻하는 그리스어 περίμετρο perimeter의 머리글자를 따서 원주율은 그리스문자 π 파이로 나타내며, 이는 모든 원에서 동일하므로 우주의 상수라고 불리기도 한다.

원주율을 나타내는 기호로 π 를 처음 사용한 것은 1706년 영국의 수학자 존스이며, 1737년 스위스의 수학자 오일러Leonhard Euler, 1707~1783가 π 를 사용하면서부터 원주율을 나타내는 표준기호가 되었다.

원주율은 수학, 특히 기하학에서 다양하게 사용되고 있다. 예를 들면, 반지름이 r 인 원의 원주의 길이 l 은 $l=2\pi r$ 이고 넓이

S는 $S=\pi r^2$이다. 또한, 반지름이 r인 구의 겉넓이는 $4\pi r^2$이며 부피는 $(4/3)\pi r^3$으로 주어진다. 그리고 세상에서 가장 오묘한 등식으로 알려져 있는 오일러의 등식 $e^{\pi i}+1=0$에도 원주율이 등장한다. 화이트데이인 3월 14일은 아인슈타인의 생일이며, π의 날이기도 하다. 그래서 3월 14일 1시 59분에 원주율의 탄생을 축하하는 행사를 하기도 하고, 근삿값으로 사용하는 22/7에 따라 7월 22일을 π 근삿값의 날로 기념하기도 한다.

π값에서 여러분의 생년생일이 시작하는 위치를 찾을 수 있겠는가? 예로서 1985년 8월 2일에 태어났다면 인터넷 주소

http://facade.com/legacy/amiinpi/

에서 850802를 입력하여라. 다음 그림은 1,254,543자리까지 확인하였을 때 352,588번째부터 이 수가 배열되어 있음을 알려준다.

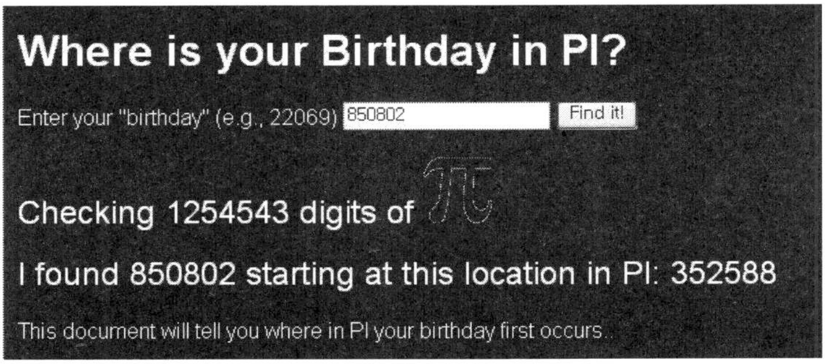

π가 무리수임을 최초로 증명한 사람은 1761년 람베르트Johann Heinrich Lambert, 1728~1777이다. 람베르트의 개략적인 증명은 다음과 같다.

0 아닌 유리수 p/q(라디안)에 대하여 $\tan(p/q)$는 무리수임을 먼저 증명하여, 탄젠트 값이 유리수이면 원상의 값이 무리수임을 이용하였다. 즉, $\tan(\pi/4)=1$ 이므로 $\pi/4$ 는 무리수이고, 따라서 π 는 무리수이다.

고대에서는 π 값을 얼마로 하여 계산하였을까? 고대 메소포타미아에서는 원주율을 3으로 계산하였으며, 성경 열왕기상 7장 23절과 역대하 4장 2절에 기록된 지름과 둘레에 따르면, 원주율이 3 정도임을 알고 있었던 것으로 추측된다. 고대 중국의 《**구장산술**九章算術》에서도 원주율을 3으로 제시하였다. 《구장산술》의 이러한 계산이 부정확하다는 것은 다음 그림을 보면 쉽게 알 수 있다. 즉, 지름이 1인 원에 내접하는 정육각형의 둘레는 3인데, 원의 실제 둘레는 이와 상당한 차이를 보인다.

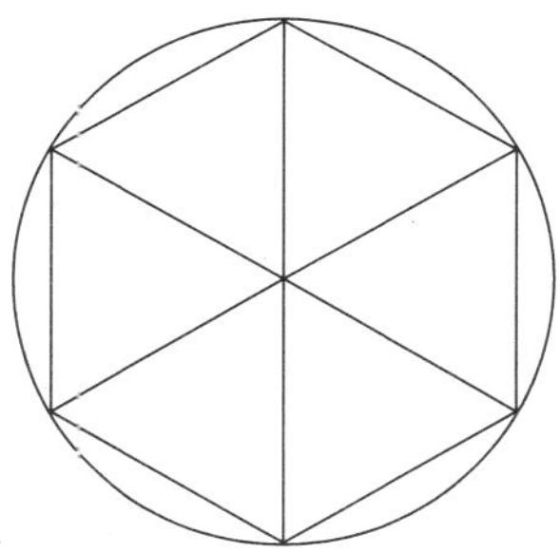

그리고 고대 이집트에서는 원통형 바퀴를 굴려 직접 측정함으로써 원주율을 계산하였는데, 원주율은 $256/81=3.16049\cdots$를 사용하였다. 즉, 반지름 r 인 원의 넓이를 한 변의 길이가 $(8/9)\cdot 2r$ (지름)인 정사각형의 넓이로 계산하였다. 그리고 기원전 2000년, 바빌로니아인들은 3.125를 원주율의 값으로 사용하였다고 한다.

한편, 고대 그리스 수학자 아르키메데스Archimedes, 기원전 287?~

212?는 무한소의 개념을 사용하여 원주율을 구하고자 하였다. 즉, 그는 많은 변을 갖는 다각형이 임의의 원에 내접하는 경우와 외접하는 경우를 비교하여 원주율을 계산하였다. 즉, 임의의 원의 둘레는 그것에 외접하는 다각형의 둘레보다 짧고 내접하는 다각형보다 길다. 이때, 다각형의 변이 많아질수록 외접하는 경우와 내접하는 경우의 둘레 차는 작아지므로 원의 둘레에 근사하게 된다. 따라서 지름이 d 인 원에 내접하는 변의 수가 n 개인 정다각형의 둘레 P_n 에 대해서, 다음의 극한을 계산하여 원주율을 얻을 수 있다.

$$\pi = \lim_{n \to \infty} \frac{P_n}{d}$$

실제로, 아르키메데스는 원에 내접 및 외접하는 정 96각형 둘레의 범위를 구하여 원주율이 다음 범위의 값을 가짐을 증명하였다.

$$3\frac{10}{71} < \text{원주율} < 3\frac{1}{7}$$

즉, 원주율은 3.140보다 크고 3.142보다 작은 수임을 알게 되었다. 독일의 루돌프는 π 값을 소수점 아래 35자리까지 구하는 데 일생을 바쳤으며, 그는 유언으로 자신이 계산한 π 의 값을 그의 묘비에 새기도록 하였다. 이로 인해, 독일에서는 원주율을 **루돌프 수**라고 부르기도 한다. 1873년, 영국의 샹크스는 소수점 아래 707자리까지 π 값을 구하였으나 안타깝게도 후에 검산한 결과 소수 527자리까지만 계산이 옳았다고 한다. 여하튼, 그는 직접 셈으로 원주율을 계산한 사람 중에서는 가장 많은 자릿수를 구한 사람이다.

원주율의 근삿값을 구하는 방법은 여러 가지가 있다. 일반적으로 무한급수를 이용한 방법을 주로 사용하며, 대표적인 방법으로 $\tan x$ 의 역함수인 $\tan^{-1} x$ (또는 $\arctan x$)의 매클로린 급수전개를 이용하는 방법이다. $\tan^{-1} x$의 매클로린 급수전개는

$$\tan^{-1} x = x - \frac{x^3}{3} + \frac{x^5}{5} - \frac{x^7}{7} + \cdots$$

로 주어진다. 이 식에서 x 에 1을 대입하면, 다음의 라이프니츠 공식에서 $\pi/4$의 근삿값을 얻을 수 있다.

$$\frac{\pi}{4} = 1 - \frac{1}{3} + \frac{1}{5} - \frac{1}{7} + \cdots$$

그러나 이 공식은 수렴성이 떨어져 빠른 시간에 정확한 근삿값을 얻는 데는 부적절하므로, 이를 보완한 다음의 마친 식을 대부분의 근삿값 계산에 이용하고 있다.

$$\frac{\pi}{4} = 4\tan^{-1}\frac{1}{5} - \tan^{-1}\frac{1}{239}$$

이외에도, π 를 나타내는 무한급수로는 다음의 공식들이 알려져 있다.

$$\frac{\pi^2}{6} = 1 + \frac{1}{2^2} + \frac{1}{3^2} + \frac{1}{4^2} + \cdots \qquad \text{(오일러 공식)}$$

$$\frac{2}{\pi} = \Pi_{n=1}^{\infty}\left(1 - \frac{1}{4n^2}\right) = \frac{1}{2} \cdot \frac{3}{2} \cdot \frac{3}{4} \cdot \frac{5}{4} \cdot \frac{5}{6} \cdot \frac{7}{6} \cdot \cdots$$

(존 월리스 공식)

컴퓨터를 이용하여, π 값을 최초로 계산한 것은 1949년 **에니악** ENIAC, Electronic Numerical Integrator And Computer에 의해서였다. 에니악은 1943년부터 1946년에 걸쳐 펜실베이니아 대학의 모클리와 에커트가 제작한 전자컴퓨터이다. 1947년 7월에 작동을 시작해 1955년 10월까지 10년간 활용되었으며, 현재는 스미소니언 박물관과 펜실베이니아 대학에 분산해 보관되고 있다. 앞서 소개한 마친의 공식과 에니악을 이용하여 70시간에 걸쳐 2,037자리까지 계산하였다. 컴퓨터의 개발로 1980년에는 100만 자리를 넘게 되었으며, 1987년에 드디어 1억 자리가 넘는 π 값을 구하였다. 이는 슈퍼컴퓨터와 고속 푸리에 변환이라는 효과적인 알고리즘에 따른 것이었다.

2002년, 도쿄 대학의 카나다 교수는 9명의 연구원과 함께 히타치 슈퍼컴퓨터를 이용하여 1조 2,411억 자리까지 계산하였다. π 값의 계산은 알고리즘과 컴퓨터의 성능에 달려있으며, π 값의 계산능력으로 컴퓨터 성능을 확인하기도 한다.

π 값을 구하는 과정에서 1997년에 0123456789의 배열을 처음으로 발견하였는데, 이는 소수 17,387,594,880째 자리에서 시작된다. 실제로 이 배열은 500억 자리까지 6번 나타나고 9876543210은 5번 나타난다.

다음의 표는 π 값을 2,000억 자리까지 구하였을 때, 0부터 9까지의 숫자가 사용된 횟수를 나타낸 것이다. 이 표에서 우리는 0부터 9까지의 숫자가 약 200억 개로 거의 균등하게 나타남을 알 수 있다.

수	횟수	수	횟수
0	20,000,030,841	5	19,999,914,711
1	19,999,914,711	6	19,999,881,515
2	20,000,136,978	7	19,999,967,594
3	20,000,069,393	8	20,000,291,044
4	19,999,921,691	9	19,999,869,180

원주율의 근삿값을 구하는 식을 얻기 위하여, 앞에서 언급된 급수전개에 대해서 알아보기로 하자. 이하의 내용은 미적분학을 공부한 고등학교 2학년 이상이 아니면 이해하기 어려울 것이므로, 생략하고 지나쳐도 좋을 것이다.

구간 $[a, b]$를 포함하는 실수의 부분집합에서 정의된 함수 $f(x)$에 대하여 $f(x)$, $f'(x)$, $\cdots$, $f^{(n-1)}(x)$가 $[a, b]$에서 연속이고, $f^{(n-1)}(x)$가 (a, b)에서 미분가능하면

$$f(b) = f(a) + \frac{f'(a)}{1!}(b-a) + \frac{f''(a)}{2!}(b-a)^2 + \cdots + \frac{f^{(n-1)}(a)}{(n-1)!}(b-a)^{n-1} + R_n,$$

$$R_n = \frac{f^{(n)}(c)}{n!}(b-a)^n \quad (a < c < b)$$

을 만족하는 c가 적어도 하나 존재한다. 이를 **테일러 정리**라 하

고, R_n 은 **라그랑주 잉여**라고 부른다. 이로부터, $f(x)$ 가 $x=a$ 를 포함하는 구간 I 에서 무한히 계속 미분가능하고

$$\lim_{n\to\infty} R_n = 0$$

이면, 임의의 $x \in I$에 대하여 다음이 성립함을 알 수 있다.

$$\begin{aligned} f(x) = f(a) + \frac{f'(a)}{1!}(x-a) + \frac{f''(a)}{2!}(x-a)^2 + \cdots \\ + \frac{f^{(n)}(a)}{n!}(x-a)^n + \cdots \end{aligned}$$

이 식을 $x=a$ 에서 함수 $f(x)$ 의 **테일러 급수전개**Taylor's series expansion라 한다. 특히, $a=0$ 인 경우, 즉

$$f(x) = f(0) + \frac{f'(0)}{1!}x + \frac{f''(0)}{2!}x^2 + \cdots + \frac{f^{(n)}(0)}{n!}x^n + \cdots$$

를 $f(x)$ 의 **매클로린 급수전개**Maclaurin's series expansion라 부른다. 다음은 잘 알려진 함수의 매클로린 급수전개식을 나타낸 것이다.

$$\frac{1}{1-x} = 1 + x + x^2 + \cdots + x^n + \cdots \quad (|x| < 1)$$

$$\frac{1}{1+x} = 1 - x + x^2 - \cdots + (-1)^n x^n + \cdots \quad (|x| < 1)$$

$$e^x = 1 + \frac{x}{1!} + \frac{x^2}{2!} + \cdots + \frac{x^n}{n!} + \cdots \quad (-\infty < x < \infty)$$

$$\sin x = \frac{x}{1!} - \frac{x^3}{3!} + \frac{x^5}{5!} - \cdots + (-1)^{m+1}\frac{x^{2m+1}}{(2m+1)!} + \cdots$$

$$(-\infty < x < \infty)$$

$$\cos x = 1 - \frac{x^2}{2!} + \frac{x^4}{4!} - \cdots + (-1)^m \frac{x^{2m}}{(2m)!} + \cdots$$

$$(-\infty < x < \infty)$$

$$\tan x = x + \frac{x^3}{3} + \frac{2x^5}{15} + \frac{17x^7}{315} + \cdots \quad \left(|x| < \frac{\pi}{2}\right)$$

여섯 번째 이야기

완전수와 소수

4
5
3

피타고라스 학파에서는 수의 완전성을 좌우하는 것은 그 수의 약수들이라 생각하고, 모든 양의 진약수의 합이 자기 자신보다 큰 수는 **과잉수**, 양의 진약수의 합이 자기 자신보다 작은 수는 **결핍수**라고 불렀다. 예로, 12의 모든 양의 진약수 1, 2, 3, 4, 6의 합 16은 12보다 크므로 12는 과잉수이고, 10과 같이 양의 진약수 1, 2, 5의 합 8은 10보다 작으므로 10은 결핍수이다. 이들과는 달리, 모든 양의 진약수의 합이 자기 자신과 일치하는 자연수, 즉 모든 약수의 합이 자기 자신의 2배가 되는 수를 피타고라스 학파에서는 **완전수**perfect number라고 불렀다. 처음 4개의 완전수는 6, 28, 496, 8128로 알려져 있는데, 다음과 같이 모든 진약수의 합이 자기 자신과 일치함을 알 수 있다.

$$6 = 1+2+3$$
$$28 = 1+2+4+7+14$$
$$496 = 1+2+4+8+16+31+62+124+248$$
$$8128 = 1+2+4+8+16+32+64+127+254$$
$$+508+1016+2032+4064$$

유클리드는 이들을 $2^{n-1}(2^n-1)$에 적당한 수를 대입하여 다음과 같이 구할 수 있음을 발견하였다.

$n=2$ 일 때, $2^1(2^2-1)=6$
$n=3$ 일 때, $2^2(2^3-1)=28$
$n=5$ 일 때, $2^4(2^5-1)=496$
$n=7$ 일 때, $2^6(2^7-1)=8128$

다음의 완전수로는

다섯 번째 : 33550336
여섯 번째 : 8589869056
일곱 번째 : 137438691328
여덟 번째 : 2305843008139952128
아홉 번째 : 2658455991569831744654692615953842176
열 번째 : 191561942608236107294793378084303638130997321548169216

등이 발견되어 있는데, 이와 같이 완전수는 아주 큰 속도로 커짐을 알 수 있다. 여기서, 다섯 번째 완전수인 33550336은 $n=13$ 일 때, 즉 $2^{12}(2^{13}-1)$임을 확인할 수 있다.

피타고라스 학파에서는 완전수가 여러 가지 특유의 성질을 가지고 있음을 알아냈다. 그 중 하나로 다음과 같이 완전수는 항상 연속되는 자연수의 합으로 표현될 수 있다는 것이다.

$$6 = 1+2+3$$
$$28 = 1+2+3+4+5+6+7$$
$$496 = 1+2+3+\cdots+29+30+31$$
$$8128 = 1+2+3+\cdots+125+126+127$$

완전수에 대한 또 다른 흥미는 모든 짝수인 완전수는 삼각수라는 것이다. **삼각수**triangle number는 정삼각형을 형성하도록 배열된 조약돌의 개수로 나타낼 수 있는 자연수를 의미한다. 삼각형 모양으로 세워져 있는 볼링 핀의 개수 10, 삼각형 모양으로 배치하여 포켓볼 게임을 시작하는 포켓볼 개수 15 등이 여기에 해당한다. 실제로, 첫 번째 삼각수는 1, 두 번째 삼각수는 3(=1+2), 세 번째 삼각수는 6(=1+2+3), 네 번째 삼각수는 10(=1+2+3+4) 등으로 주어진다. 즉, 삼각수는 연속하는 자연수의 합으로 주어지므로, n 번째 삼각수는 다음과 같다.

$$\sum_{k=1}^{n} k = 1+2+3+\cdots+n = \frac{n(n+1)}{2}$$

그리고 6을 제외한 모든 완전수는 각 자리의 수를 모두 합하면, 9의 배수보다 1만큼 더 큰 수가 된다. 아울러, 완전수는 다음과 같이 연속하는 홀수의 세제곱의 합으로 표현되기도 한다.

$$1^3+3^3=28, \quad 1^3+3^3+5^3+7^3=496$$

$$1^3 + 3^3 + 5^3 + 7^3 + 9^3 + 11^3 + 13^3 + 15^3 = 8128$$

만약 n 이 완전수이면, n 의 모든 약수의 역수의 합은 항상 2라는 사실도 흥미롭다. 예로서, 6은 1, 2, 3, 6의 약수를 가지는데 이들의 역수의 합은 다음과 같다.

$$1 + \frac{1}{2} + \frac{1}{3} + \frac{1}{6} = 2$$

유클리드는 $(2^n - 1)$ 이 소수이면, $2^{n-1}(2^n - 1)$은 항상 완전수임을 증명하였으며, 2,000년이 지난 후, 오일러는 짝수인 완전수는 $2^{n-1}(2^n - 1)$의 형태임을 증명하였다. 따라서 오일러는 짝수인 완전수와 메르센 소수는 일대일로 대응됨을 밝힌 것이다. 그러나 메르센 소수의 개수가 유한한지 무한한지 알려져 있지 않으므로, 완전수의 개수도 얼마나 많은지 알 수는 없다. 또한, 홀수인 완전수가 존재하는지도 아직 알려져 있지 않으며, 적어도 10^{300} 까지 자연수 중에는 홀수인 완전수가 없다는 것은 확인되었다.

6과 28의 완전성을 인정한 사람은 피타고라스 학파의 회원들만은 아니었다. 이와는 다른 시대, 다른 문화권에 살던 사람들도 달의 공전주기는 28일이며, 신은 6일 만에 세상을 창조했다는 식으로 완전수에 대해 의미를 부여하였다. 여성의 생리주기는 28일이며, 임신기간 280일도 10으로 나누면 28일이 된다. 또한, 결혼에 가장 적합한 나이가 수학적으로 28세라고 생각하고 28세가 되는 해에 결혼을 많이 하였으며, 28일은 좋은 날이라 하여 각종 행사도 많이 열렸다고 한다. 아우구스티누스는 그의 저서 《신의 도성De civitate Dei》에서 "신은 이 세상을 한순간에 창조할 수도 있었지만 우주의 완전함을 계시하기 위해 일부러 6일이나 시간을 끌었다"고 적고 있다. 그는 6이라는 숫자가 '신이 선택했기 때문에' 완전한 것이 아니라, 원래부터 완전함을 내포하고 있었다고 이야기하고 있다.

한편, 두 수 220과 284에서 220의 진약수

1, 2, 4, 5, 10, 11, 20, 22, 44, 55, 110

의 합은 284이고, 284의 진약수

1, 2, 4, 71, 142

의 합은 220이다. 이와 같은 성질을 만족하는 두 수를 '또 다른 나'라고 역설한 피타고라스는 **우애수**(또는 **친화수**)**의 쌍**이라고 불렀다. 이 신비로움을 풍기는 우애수의 쌍이 적힌 부적을 나눠 가진 사람들에게는 완전한 우정이 보장된다고 믿었다고 한다. 우애수의 쌍에 대한 또 다른 예로는 1,184와 1,210, 17,296과 18,416 등이 있다. 많은 수학자들은 새로운 우애수의 쌍을 찾아내려고 노력하였으며, 이러한 수의 쌍을 체계적으로 찾아내는 다양한 방법이 고안되기도 하였다. 수학자 릴레는 임의로 정한 숫자까지의 모든 우애수의 쌍을 계산할 수 있는 방법을 발견하고, 1백억보다 작은 1,427개의 우애수 쌍의 목록을 작성하였다. 현재 400쌍 이상의 우애수가 알려져 있지만 그 쌍이 무한인지의 여부는 아직 밝혀지지 않았다.

우애수와 유사하게 1과 자기 자신을 제외한 약수의 합이 서로 같은 수를 **부부수**라고 하였다. 1과 48을 제외한 48의 모든 약수의 합은 75이고 1과 75를 제외한 75의 모든 약수의 합은 48이므로, 48과 75는 부부수이다. 지금까지 알려진 부부수로는 140과 195, 1,575와 1,648 등이 있는데 이들은 모두 짝수와 홀수의 쌍으로 이루어져 있다. 우애수 또는 부부수라고 부르는 명칭에는 짝수는 남성, 홀수는 여성이라는 피타고라스 학파의 생각이 깃들여 있다고 할 수 있다. 즉, 동성인 짝수 또는 홀수끼리의 쌍은 우애수, 이성인 짝수와 홀수의 쌍은 부부수라고 하였던 것이다.

1과 자신 이외에 다른 약수를 갖지 않는 자연수를 **소수**prime number라고 한다. 소수는 유클리드가 처음으로 발견하였으며, '수의 기초'라고 불리었다. 완전수는 약수의 합에 바탕을 두고 있으며, 주어진 자연수의 약수는 소수와 깊은 연관이 있다. 즉, 자연수의 소인수분해를 통해 약수의 개수나 약수 전체의 합도 쉽게 구할 수 있다.

우리는 두 번째 이야기인 '하노이 탑의 전설'에서 메르센 소수에 대해 살펴보았다. 여기서는 소피 제르맹 소수, 쌍둥이 소수, 계승 소수, 페르마 소수 등 다양한 종류의 소수에 대해 알아보려고 한다.

❙ 소피 제르맹 소수

소피 제르맹 소수는 n이 소수일 때, $2n+1$도 소수가 되는 n을 말한다. 예를 들어, $2\times23+1=47$이 소수이므로, 23은 소피 제르맹 소수이다. 이러한 소피 제르맹 소수는 무한할 것이라고 예측은 하지만, 아직 증명되지는 않았다. 소피 제르맹 소수를 처음부터 나열하면 다음과 같다.

$$2, 3, 5, 11, 23, 29, 41, 53, 83, 89, 113,$$

$$131, 173, 179, 191, 233, 239, 251, \cdots$$

지금까지 알려진 소피 제르맹 소수 중에서 가장 큰 수는 $48047305725 \cdot 2^{172403} - 1$이다. 이 소수는 2007년에 밝혀진 것으로 51,910자릿수이다.

쌍둥이 소수의 쌍

두 수의 차가 2인 소수의 쌍이 다수 존재하는데, 이를 쌍둥이 소수의 쌍이라고 한다. 예를 들면

$$(3,\ 5), (5,\ 7), (11,\ 13), (17,\ 19), (29,\ 31),$$

$$(41,\ 43), (59,\ 61), (71, 73), \cdots$$

등이 있는데, 3보다 큰 쌍둥이 소수는 자연수 n에 대하여 $(6n-1,\ 6n+1)$의 형태를 이루고 있다. 지금까지 알려진 가장 큰 쌍둥이 소수 쌍은 2007년에 발견된 58,711자릿수인

$$2003663613 \cdot 2195000 \pm 1$$

이다.

소수계승 소수

n이 소수일 때, n 이하의 모든 소수를 곱한 값을 n의 소수계승이라 하고 기호로 $n\#$로 나타낸다. 이때, $(n\# + 1)$ 형태의 소수를 소수계승 소수라고 한다. 이를 처음부터 나열하면

3, 5, 7, 29, 31, 211, 2,309, 2,311, 30,029,

20,056,049,0131, 304,250,263,527,209, ⋯

등이 있다. 지금까지 알려진 가장 큰 소수계승 소수는 2001년에 발견된 392113# +1로, 이는 169,966자릿수이다.

계승 소수

계승 소수는 $(n!\pm1)$ 형태의 소수를 말한다. 계승 소수를 처음부터 나열하면

2(0!+1 또는 1!+1), 3(2!+1), 5(3!−1),

7(3!+1), 23(4!−1), 719(6!−1),

5,039(7!−1), 39,916,801(11!−1), ⋯

등이 있다. 특히 $(n!-1)$이 소수가 되게 하는 n의 값은

3, 4, 6, 7, 12, 14, 30, 32, 33, 38, 94, 166, 324,

379, 469, 546, 974, 1,963, 3,507, 3,610, 6,917, ⋯

등이 있으며, $(n!+1)$이 소수가 되게 하는 n의 값은

0, 1, 2, 3, 11, 27, 37, 41, 73, 77, 116, 154, 320,

340, 399, 427, 872, 1,477, 6,380, 26,951, ⋯

등이 있다. 지금까지 알려진 가장 큰 계승 소수는 142,891자릿수인 (34790!−1)과 107,707자릿수인 (26951!+1)이다.

페르마 소수

$F_n = 2^{2^n} + 1$ 형태의 자연수를 페르마 수라고 하는데, 처음 7개의 페르마 수는 다음과 같다.

$$F_0 = 2^1 + 1 = 3$$
$$F_1 = 2^2 + 1 = 5$$
$$F_2 = 2^4 + 1 = 17$$
$$F_3 = 2^8 + 1 = 257$$
$$F_4 = 2^{16} + 1 = 65537$$
$$F_5 = 2^{32} + 1 = 4294967297$$
$$F_6 = 2^{64} + 1 = 18446744073709551617$$

페르마Pierre de Fermat, 1601~1665는 F_0부터 F_4까지의 수가 소수임을 확인하고, 그는 모든 페르마 수는 소수일 것이라고 예측하였다. 그러나 1732년 오일러Leonhard Euler, 1707~1783는 F_n이 $(k \cdot 2^{n+1} + 1)$의 인수를 가질 수 있음을 증명하고, $n = 5$일 때 $64 \cdot 10 + 1 = 641$을 인수로 갖는다는 사실을 밝혀냈다. 실제로, F_5와 F_6은 다음과 같이 나타낼 수도 있다.

$$F_5 = 641 \cdot 6700417$$
$$F_6 = 274177 \cdot 67280421310721$$

참고로, 《신의 도성》을 아우구스티누스가 집필하게 된 배경은 410년에 있었던 로마의 함락으로부터 시작된다. 로마의 함락은 당시의 문명사회를 당혹케 하고 깊은 혼란으로 몰아넣었다. 약 800년 동안 외적의 공격조차 몰랐던 로마가 단지 삼일 만에 무너진 것은 믿을 수 없는 일이었다. 이교도들은 로마의 멸망과 관련하여 그 원인을 로마제국의 국교였던 기독교에서 찾았다. 즉, 그들은 로마가 전통 종교를 버리고 기독교로 돌아섰기 때문에 재난이 일어난 것이라고 주장하였다. 또한, 그들은 로마가 가장 무력해진 시기가 기독교가 가장 번성한 시기와 일치한다는 점에 주목하였다. 이로 인해, 기독교인들은 제국의 멸망과 관련하여 이교도들의 비난에 대답하여야 했고, 누구보다도 이교도와 기독교의 전통 모두를 지적·경험적으로 잘 알고 있는 아우구스티누스는 왜 하나님께서 이와 같은 재난이 있게 하였는지를 설명하는 데 적임자였다. 그는 마르셀리누스Marcellinus의 계속적인 요청을 받아들여 413년부터 13년에 걸쳐 《신의 도성》을 저술하였다. 《신의 도성》은 로마 함락에 대한 이교도들의 기독교에 대한 책임추궁에 대해 그들의 논지를 반박하고, 실제 로마 멸망의 원인은 무엇이었는지를 제시하는 두 개의 큰 흐름으로 구성되어 있다.

일곱 번째 이야기

마술카드 게임

4
5
3

여러분 중에서 마술을 싫어하는 사람은 별로 없을 것이다. 최근에는 마술에 대한 인기가 대단히 높아 자신이 익힌 마술을 보여주기 위해 마술을 배우고자 하는 사람들이 많이 늘고 있다. 각급학교에서도 마술 동아리가 조직되어 활발하게 활동하고 있으며, 국제대회에서 최고 상을 수상하는 우리나라 마술사들도 있다. 공연이나 방송 등을 통해 카드, 동전, 고무줄, 손가락, 지폐, 명함 등을 이용한 신비한 마술들을 종종 보게 된다. 다양한 종류의 마술도구들이 판매되고 있으며, 고도의 훈련과 기술을 요하는 마술도구들은 상당히 비싼 것으로 알려져 있다.

특히, 마술공연에서는 그 호기심과 긴장감으로 우리에게 큰 즐거움을 준다. 아무런 도구 없이 하늘을 떠다니는 마법 소녀, 사람을 상자에 넣고 붙였다 잘랐다 하는 마술, 차원 이동 마술이나 신체를 늘리는 마술 등 다양하기 그지없다. 물론 이러한 마술은 관객의 눈을 속이는 트릭에 불과하지만, 우리의 눈은 또 그곳으로 향하게 된다. 이것들은 알고도 속아주는 희한한 눈속임 마술이라 할 수 있다.

마술magic은 요술이라고도 한다. 굳이 마술과 요술의 차이를 말한다면, 마술은 규모가 있는 장치나 도구, 솜씨가 동원되는 편이라 무대와 같은 연기 장소가 필요하고, 요술은 규모가 작으며 넓은 자리가 아니더라도 손재주만으로 할 수 있는 속임수라고 할 수 있다. 그러나 이러한 구별은 분명한 선이 그어져 있는 것은 아니다. 마술은 고대 페르시아의 사제 집단 마구스magus의 주술적인 인연에서 유래되어 이것이 주술의 일반명사인 매직이 되었다고 한다.

여기서, 우리는 몇 개의 카드를 이용하여 상대방이 생각하는 숫자를 알아맞히는 마술카드를 소개한다. 물론, 이는 2진법에 대한 수학적 사실에 기인한다.

다음과 같이 1부터 15까지 숫자가 적힌 네 장의 카드 A, B, C, D가 있다고 하자.

1	3
5	7
9	11
13	15

카드 A

2	3
6	7
10	11
14	15

카드 B

4	5
6	7
12	13
14	15

카드 C

8	9
10	11
12	13
14	15

카드 D

먼저, 상대방에게 각자 0부터 15 사이에 있는 숫자 중에서 한 숫자를 각각 마음속에 정하게 한다. 그리고 카드를 A부터 D까지 한 장씩 차례로 보여 주면서 생각한 숫자가 카드에 있으면 '예', 없으면 '아니오'로 답하게 한다. 주어진 네 장의 카드에 대한 답변을 종합하면 상대방이 생각한 숫자를 정확하게 맞힐 수 있다. 가령, 수를 11이라고 마음속에 정하였다면

예 ⇒ 예 ⇒ 아니오 ⇒ 예

라고 대답할 것이며, 질문자는 11이라고 정확하게 맞힐 것이다.

이제, 위의 답이 어떻게 구해지는지를 생각해보자.

먼저 네 장의 카드에 대하여 각각 '예'와 '아니오'를 연속하여 대답하는 것은 두 가지 경우의 수가 연속하여 4번 독립적으로 반복되므로 나타날 수 있는 모든 경우의 수는

$$2 \times 2 \times 2 \times 2 = 16$$

가지이다. 따라서 우리는 4번의 '예'와 '아니오'의 답변으로 모두 16개의 수를 대응시켜 분류할 수 있다. 즉, '예'를 1, '아니오'를 0으로 표시하면 다음 표를 얻을 수 있다. 만약 숫자 11을 생각하였다면, 11은 카드 A, B와 D에만 있으므로 생각한 숫자가 11임을 위 표로부터 확인할 수 있다. 또한, 수표를 다음 식으로 간단히 표현할 수도 있다. 즉, '예'를 1, '아니오'를 0으로 표시하는 경우 생각한 숫자는 식

$$D \times 2^3 + C \times 2^2 + B \times 2^1 + A \times 2^0$$

로부터 알 수 있다.

상대방이 생각한 수	대답			
	카드 D	카드 C	카드 B	카드 A
0	0	0	0	0
1	0	0	0	1
2	0	0	1	0
3	0	0	1	1
4	0	1	0	0
5	0	1	0	1
6	0	1	1	0
7	0	1	1	1
8	1	0	0	0
9	1	0	0	1
10	1	0	1	0
11	1	0	1	1
12	1	1	0	0
13	1	1	0	1
14	1	1	1	0
15	1	1	1	1

예를 들면, 카드 A에 생각한 숫자가 있으면 A 자리에 1을, 카드 C에 생각한 숫자가 없으면 C자리에 0을 대입한다. 학생이 11을 생각한 경우 카드 A, B, D에만 있으므로, 다음 식으로부터 11임을 알 수 있다.

$$1 \times 2^3 + 0 \times 2^2 + 1 \times 2^1 + 1 \times 2^0 = 11$$

따라서 생각하였던 숫자를 '예', '아니오'로 답변하지 않고서도 직접 카드에서 확인할 수 있다. 즉, 생각한 숫자가 카드에 있으면 카드의 맨 왼쪽 위의 모서리에 있는 숫자(1, 2, 4 또는 8)를 계속 합산하고, 만약 생각한 숫자가 카드에 없으면 그 카드는 그냥 넘어간다. 이와 같은 방법으로 합산한 최종 숫자가 처음에 생각하였던 수임을 확인할 수 있다.

이 원리로부터 다양한 응용을 할 수 있다. 즉, n 장의 카드를 가지면 모두 2^n 개의 숫자를 분류할 수 있는 마술카드를 만들 수 있다.

다음은 1부터 100까지의 숫자를 알아맞힐 수 있는 7개로 된 마술카드이다. 실제로, 이 카드들에 숫자를 적당히 추가하면 127까지의 수를 알아맞힐 수 있다.

카드 1

1	3	5	7	9	11	13	15
17	19	21	23	25	27		
29	31	33	35	37	39		
41	43	45	47	49	51		
53	55	57	59	61	63		
65	67	69	71	73	75		
77	79	81	83	85	87		
89	91	93	95	97	99		

카드 2

2	3	6	7	10	11	14	15
18	19	22	23	26	27		
30	31	34	35	38	39		
42	43	46	47	50	51		
54	55	58	59	62	63		
66	67	70	71	74	75		
78	79	82	83	86	87		
90	91	94	95	98	99		

카드 3

4	5	6	7	12	13	14
15	20	21	22	23	28	
29	30	31	36	37	38	
39	44	45	46	47	52	
53	54	55	60	61	62	
63	68	69	70	71	76	
77	78	79	84	85	86	
87	92	93	94	95	100	

카드 4

8	9	10	11	12	13
14	15	24	25	26	27
28	29	30	31	40	41
42	43	44	45	46	47
56	57	58	59	60	61
62	63	72	73	74	75
76	77	78	79	88	89
90	91	92	93	94	95

카드 5

16	17	18	19	20	21
22	23	24	25	26	27
28	29	30	31	48	49
50	51	52	53	54	55
56	57	58	59	60	61
62	63	80	81	82	83
84	85	86	87	88	89
90	91	92	93	94	95

카드 6

32	33	34	35	36	37
38	39	40	41	42	43
44	45	46	47	48	49
50	51	52	53	54	55
56	57	58	59	60	61
62	63	96	97	98	99
100					

카드 7

64	65	66	67	68	69
70	71	72	73	74	75
76	77	78	79	80	81
82	83	84	85	86	87
88	89	90	91	92	93
94	95	96	97	98	99
100					

우리가 일상생활에서 보통 사용하는 십진법에는 0부터 9까지 10개의 기본수가 있고, 9에서 10으로 올라갈 때 한 자리 수에서 두 자리 수로 바뀐다. 이에 반해, 0과 1을 기본수로 갖는 이진법에서는 2만 되어도 두 자리 수로 바뀐다. 수를 알아맞히는 마술카드 게임에서는 컴퓨터 연산에서 주로 사용하는 이진법의 원리를 이용한 것이다.

십진법의 수 2와 3은 이진법에서 각각 10과 11로 표현되고, 십진법의 수 4는 이진법에서 세 자리 수 100으로 표현된다. 이와 같이 이진법에서는 자리 수가 급격하게 늘어난다. 다음 표는 이집법과 십진법의 수를 서로 비교하여 나타낸 것이다.

십진법	1	2	3	4	5	6	7	8	9	10
이진법	1	10	11	100	101	110	111	1000	1001	1010

십진법	11	12	13	14	15	16	32	64	128
이진법	1011	1100	1101	1110	1111	10000	100000	1000000	10000000

실제로, 이진법의 수 $a_n a_{n-1} \cdots a_1 a_{0_{(2)}}$는 다음 방법에 의해 십진법의 수로 나타낼 수 있다.

$$a_n a_{n-1} \cdots a_1 a_{0_{(2)}} = a_n \cdot 2^n + a_{n-1} \cdot 2^{n-1} + \cdots + a_0 \cdot 2^0$$

《주역周易》은 중국 주나라 시대에 저술된 천지만물이 변화하는 원리를 설명한 철학서이다. 공자가 책을 묶은 가죽 끈이 세 번이나 끊어질 정도로 애독하였다는 주역은 이진법의 원리로 구성되어 있다. 주역의 기본 단위인 효에는 양(—; 전체가 이어진 선)과 음(– –; 사이가 끊어진 선)이 있는데, 이들은 각각 1과 0에 해당한다. 0을 나타내는 음은 양의 가운데에 빈 공간을 둔 모양이므로, 비어있다는 0의 의미를 포함하고 있다. 주역에는 6개의 효를 조합하여 만든 64개의 괘卦가 있다. 즉, 각 효에는 양과 음, 두 가지가 올 수 있으므로, 6개의 효를 조합하여 만들 수 있는 방법은 $2^6 = 64$가지이다. 서양에서 이진법을 처음 고안한 사람은 독일의 수학자이자 철학자인 라이프니츠이다. 그는 중국에 선교사로 있던 그의 친구로부터 주역에 나오는 이진법의 원리에 따른 64개의 궤가 원과 정사각형으로 배열된 도해를 전해 받고, 이미 오래 전에 동양에도 이진법이 있었다는 사실에 놀라면서 동양 수학을 극찬하였다고 한다.

8괘八卦는 8가지 기본도형으로, 건(乾 : ☰), 곤(坤 : ☷), 진(震 : ☳), 손(巽 : ☴), 감(坎 : ☵), 이(離 : ☲), 간(艮 : ☶), 태(兌 : ☱) 등이다. 《역전易傳》에는 8괘를 하늘[天], 땅[地], 우레[雷], 바람[風], 물[水], 불[火], 산[山], 연못[澤]의 8가지 자연현상을 상징한다고 설명하고 있다. 또한, 8괘 중에서 2괘씩은 서로 대립되며, 음양의 두 가지 기체의 결합과 교감에 의해 만물이 생성한다고 한다. 이에는 정正과 반反의 모순대립으로 사물의 변화·발전을 설명하는 방식으로, 변증법적 요소가 들어 있다. 태극기의 네 귀퉁이에는 건(하늘), 곤(땅), 감(달), 이(해)의 4괘가 그려져 있다. 실제, 초기 태극기에는 3개의 효를 배열하여 만들 수 있는 8괘가 모두 포함돼 있었다고 한다. 양과 음을 각각 1과 0에 대응시켜 8괘를 이진법의 수로 나타내보라.

여덟 번째 이야기

조화롭고 신비로운 수

수를 곱하고 더할 때, 우리는 뜻하지 않게 신비로운 수식의 배열을 발견할 때가 있다. 특히, 숫자 9는 다양한 연산에서 다음과 같이 신비로운 수식들을 제공해준다.

$$1 \times 9 + 2 = 11$$

$$12 \times 9 + 3 = 111$$

$$123 \times 9 + 4 = 1111$$

$$1234 \times 9 + 5 = 11111$$

$$12345 \times 9 + 6 = 111111$$

$$123456 \times 9 + 7 = 1111111$$

$$1234567 \times 9 + 8 = 11111111$$

$$12345678 \times 9 + 9 = 111111111$$

또한, 숫자 9와 관련된 다음 수식들도 만족한다.

$9 \times 9 = 81$	$9 \times 9 + 7 = 88$
$99 \times 99 = 9801$	$98 \times 9 + 6 = 888$
$999 \times 999 = 998001$	$987 \times 9 + 5 = 8888$
$9999 \times 9999 = 99980001$	$9876 \times 9 + 4 = 88888$
$99999 \times 99999 = 9999800001$	$98765 \times 9 + 3 = 888888$
$999999 \times 999999 = 999998000001$	$987654 \times 9 + 2 = 8888888$
$9999999 \times 9999999 = 99999980000001$	$9876543 \times 9 + 1 = 88888888$

그리고 1, 11, 111, … 형태의 수를 서로 곱하면, 다음과 같은 신비로운 수식들을 얻는다.

$$1 \times 1 = 1$$
$$11 \times 11 = 121$$
$$111 \times 111 = 12321$$
$$1111 \times 1111 = 1234321$$
$$11111 \times 11111 = 123454321$$
$$\vdots$$

한편, 142857이라는 숫자는 1부터 6까지 차례로 곱하면, 재미있게도 다음과 같이 숫자 142857의 순서만 바뀌어 나타난다.

$$142857 \times 1 = 142857$$
$$142857 \times 2 = 285714$$
$$142857 \times 3 = 428571$$
$$142857 \times 4 = 571428$$

$$142857 \times 5 = 714285$$

$$142857 \times 6 = 857142$$

다음으로, 회생의 숫자에 대해 알아보자.

인도의 한 수학자는 6174가 다음에 설명하는 아주 특별한 성질을 갖는 수임을 발견하였다. 먼저, 다음 순서대로 연산을 실행해보자.

① 숫자가 모두 같지는 않는 임의의 4자리 수를 택한다. 즉, 4자리가 모두 같은 수는 제외한다.
② 선택한 숫자를 크기가 같거나 작아지는 순서로 다시 배열한다.
③ 선택한 숫자를 크기가 같거나 커지는 순서로 배열, 즉 ②의 역순으로 배열한다.
④ ②에서 ③을 뺀다.
⑤ 6174가 나올 때까지 ②~④의 과정을 반복 시행한다.

위와 같은 연산 과정을 반복적으로 시행하면 8회 이내에는 반드시 6174가 나오는데, 이러한 의미에서 6174를 회생의 숫자라고 한다.

위의 내용을 예를 들어 확인해보자. 먼저, 1234를 선택하였다면 숫자의 크기가 작아지는 순서와 커지는 순서에 따라 재배열하여 4321과 1234를 얻는다. 따라서 그 차는

$$4321 - 1234 = 3087$$

이다. 같은 방법으로 연산을 계속하면, 다음과 같이 3번째 계산

에서 6174를 얻는다.

$$8730 - 0378 = 8352$$
$$8532 - 2358 = 6174$$

이번에는 7878을 선택하였다면, 숫자의 크기가 작아지는 순서와 커지는 순서에 따라 배열하면 8877과 7788이다. 따라서 그 차는

$$8877 - 7788 = 1089$$

이고, 같은 방법으로 연산을 계속하면 다음과 같이 4번째 계산에서 6174를 얻는다.

$$9810 - 0189 = 9621$$
$$9621 - 1269 = 8352$$
$$8532 - 2358 = 6174$$

실제로, 6174 자기 자신도 7641−1467=6174이므로, 1회의 계산으로 성립함을 확인할 수 있다. 이와 유사한 성질을 가지는 3자리 회생의 숫자로는 495가 있다. 즉, 다음을 만족한다.

$$954 - 459 = 495$$

다음과 같이 3개의 자연수를 한 묶음으로 하는 두 묶음의 자연수

123789, 561945, 642864와 242868, 323787, 761943

을 생각해보자. 이 수들은 다음 성질들을 갖는다.

내용	수식
3숫자를 각각 더하면 값이 같다. 3숫자의 제곱을 각각 더하여도 값은 같다.	$123789+561945+642864$ $=242868+323787+761943$ $123789^2+561945^2+642864^2$ $=242868^2+323787^2+761943^2$
첫 번째 자릿수를 지워도 위의 성질은 역시 성립한다.	$23789+61945+42864$ $=42868+23787+61943$ $23789^2+61945^2+42864^2$ $=42868^2+23787^2+61943^2$
계속 앞부분의 자릿수를 지워도 위 성질은 역시 성립한다.	$3789+1945+2864=2868+3787+1943$ $3789^2+1945^2+2864^2=2868^2+3787^2+1943^2$
계속하여 앞부분의 자릿수를 1자리까지 지워나가도 위의 성질은 항상 성립한다.	$789+945+864=868+787+943$ $789^2+945^2+864^2=868^2+787^2+943^2$ $89+45+64=68+87+43$ $89^2+45^2+64^2=68^2+87^2+43^2$ $9+5+4=8+7+3$ $9^2+5^2+4^2=8^2+7^2+3^2$
마지막 자릿수의 숫자를 지워도 위 성질은 역시 성립한다.	$12378+56194+64286$ $=24286+32378+76194$ $12378^2+56194^2+64286^2$ $=24286^2+32378^2+76194^2$
뒷부분의 자릿수를 1자리까지 지워나가도 성질은 항상 성립한다.	$1+5+6=2+3+7$ $1^2+5^2+6^2=2^2+3^2+7^2$

이제, 파스칼의 삼각형에 대해 알아보자. 다음과 같은 규칙을 세워 주어진 식을 전개하고, 그 결과의 계수들을 살펴보자.

① 반드시 a를 먼저 쓴다.

② a의 승수가 큰 쪽에서 작은 쪽으로 쓴다.

③ b는 반드시 나중에 쓴다.

④ b는 승수가 낮은 쪽에서 높은 쪽으로 쓴다.

1차와 2차의 전개식은 각각

$$(a+b)^1 = a+b,\ (a+b)^2 = a^2+2ab+b^2$$

이고, 3차의 전개식은

$$(a+b)^3 = a^3+3a^2b+3ab^2+b^3$$

이다. 이때, 각 변수들의 계수를 살펴보면, 제곱일 때에는 1, 2, 1 이고, 세제곱일 때는 1, 3, 3, 1임을 알 수 있다. 그리고 4차식에서는 다음에서 보는 바와 같이 1, 4, 6, 4, 1이다.

$$(a+b)^4 = a^4+4a^3b+6a^2b^2+4ab^3+b^4$$

이는 처음에는 1을 두고, 그 다음 4는 세제곱에서의 1과 그 옆의 3을 합친 것이고, 그 다음의 6은 세제곱에서의 3과 그 옆의 3을 합친 것임을 알 수 있다. 따라서 전개식의 각 변수들의 계수는 다음 삼각형 모양으로 나타낼 수 있다.

$$\begin{array}{c}
1 \\
1 \quad 1 \\
1 \quad 2 \quad 1 \\
1 \quad 3 \quad 3 \quad 1 \\
1 \quad 4 \quad 6 \quad 4 \quad 1 \\
1 \quad 5 \quad 10 \quad 10 \quad 5 \quad 1 \\
1 \quad 6 \quad 15 \quad 20 \quad 15 \quad 6 \quad 1 \\
1 \quad 7 \quad 21 \quad 35 \quad 35 \quad 21 \quad 7 \quad 1 \\
1 \quad 8 \quad 28 \quad 56 \quad 70 \quad 56 \quad 28 \quad 8 \quad 1 \\
\vdots
\end{array}$$

이러한 자연수의 배열을 **파스칼의 삼각형**이라고 한다. 이는 1303년, 한 중국인에 의해 유럽으로 전파되었으나, 프랑스의 수학자이자 철학자인 파스칼Pascal, 1623~1662이 흥미로운 성질을 많이 발견하였기 때문에 파스칼의 삼각형으로 불리게 되었다.

파스칼의 삼각형에서 각 행의 합은 다음과 같이 2의 거듭제곱으로 나타난다.

0행의 합 : $1 = 2^0$

1행의 합 : $1+1 = 2^1$

2행의 합 : $1+2+1 = 2^2$

3행의 합 : $1+3+3+1 = 2^3$

4행의 합 : $1+4+6+4+1 = 2^4$

5행의 합 : $1+5+10+10+5+1 = 2^6$

이다. 실제로, 파스칼 삼각형의 수는 다음의 이항정리에서 쉽게 구할 수 있다. 즉

$$\begin{aligned}(a+b)^n &= a^n + {}_nC_1 a^{(n-1)} b + {}_nC_2 a^{(n-2)} b^2 + \cdots \\ &\quad + {}_nC_r a^{(n-r)} b^r + \cdots + bn \\ &= \sum_{n=0}^{n} {}_nC_r a^{(n-r)} b^r\end{aligned}$$

에서 일반항 ${}_nC_r$ 이 파스칼 삼각형의 수이다. 여기서, ${}_nC_r$ 은 n 개에서 r 개를 택하는 **조합**combination으로

$$_nC_r = \frac{n(n-1)\cdots(n-r+1)}{r!}$$

을 나타낸다. 이 이항정리에서 $a=b=1$을 대입하면, 제n행의 합이 2^n으로 주어짐을 쉽게 알 수 있다. 아울러, 파스칼 삼각형의 수를 다음 그림에서와 같이 대각선 방향으로 합하면, 피보나치 수열의 수가 된다.

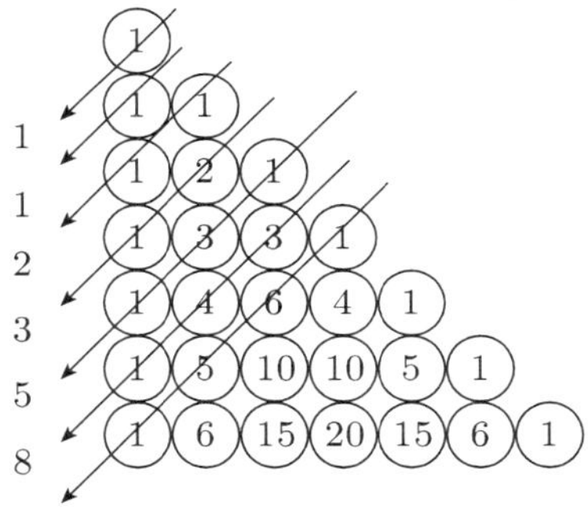

제2편

재미있는 수학

아홉 번째 이야기

숫자의 탄생

6000여년 전, 현재의 이라크 티그리스 강과 유프라테스 강 사이에 위치한 메소포타미아에 살고 있던 수메르인들은 신전을 만들고 신에게 소를 제물로 바쳤다고 한다. 그들은 소에 V표를 하나씩 하면서 소의 수를 세었는데 옆으로 누운 모양인 〈 는 10을 나타내었다. 이 모양이 쐐기와 같다고 하여 **쐐기문자**cuneiform script라고 한다. 쐐기문자는 점토서판에 갈대 등으로 만든 뾰족한 끝으로 새기듯이 쓴 문자의 총칭으로, 설형문자라고도 한다. 고대 메소포타미아의 수메르인은 점토를 굳혀서 만든 서판에 주로 신전에 바치는 물품(곡물, 소, 양, 물고기, 노예 등)을 표시한 문자기호를 새겼다. 가장 초기의 유물은, 수메르의 도시 우루크의 유적에서 출토된 것으로, 기원전 3100년경의 것으로 추정하고 있다. 쐐기문자는 초기 수메르에서는 2000개 정도가 사용되었으나, 중기 바빌로니아에서는 600개, 후기 아시리아에서는 350개 정도로 감소되었다가, 서력기원 전후에 사용하지 않게 되었다고 한다.

이집트인들은 막대기 모양인 I을 1이라 하고 막대기를 하나씩 늘려가며 9까지 나타내었으며, 10은 손잡이 모양인 ∩으로 나타내었다. 그리고 다음과 같이 100은 야자나무 잎, 1,000은 이집트의 강에 많이 있는 연꽃 모양을 본떠서 만들었다고 한다.

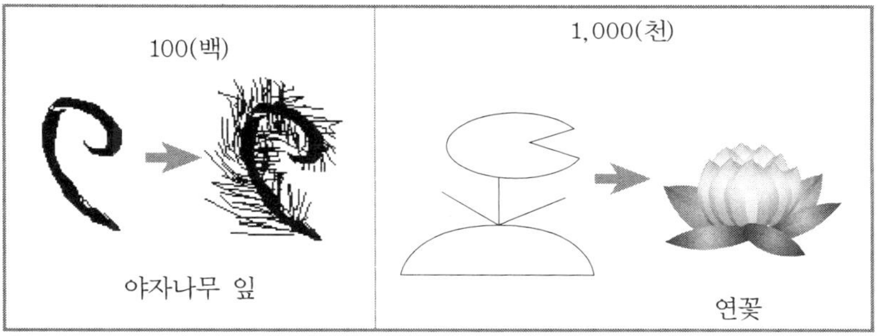

그밖에도 이집트인들은 다음 그림에서와 같이 주변에서 흔히 볼 수 있는 사물의 모습이나 형태로부터 숫자를 만들어 사용하였다.

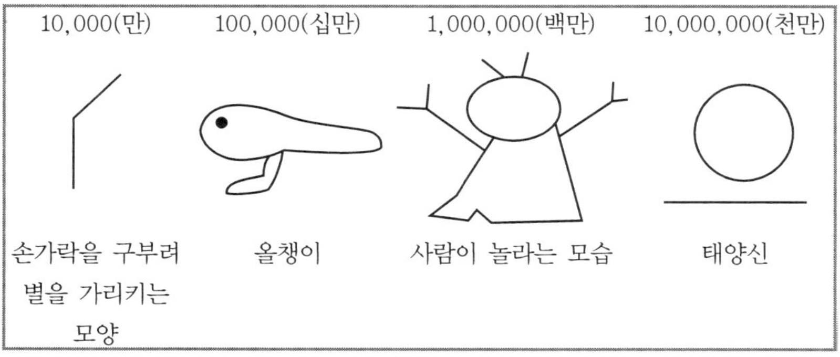

우리가 현재 사용하고 있는 아라비아 숫자는 인도에서 처음 만들었으나 아라비아 상인들 사이에서 쓰이게 되었고, 유럽으로 전해져 전 세계에서 사용하게 되었다. 다른 숫자는 수가 늘어날 때마다 새로운 숫자를 만들어야 하지만 아라비아 숫자는 자릿수에 의해 수를 쉽게 나타낼 수 있는 장점이 있다. 아라비아 숫자는 다음과 같이 막대기 개수에 따라

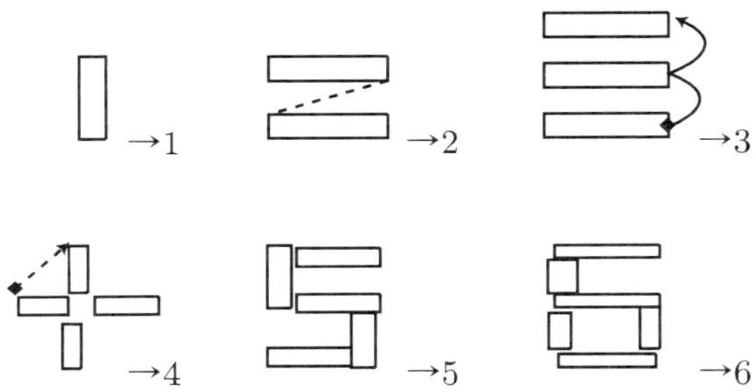

등의 방법으로 만들어졌다고 한다. 인도인들이 고안한 아라비아 숫자의 가장 큰 발견은 0이라 할 수 있다. 왜냐하면, 0이 있음으로 해서 10과 1을 쉽게 구별할 수 있게 되었기 때문이다.

인류가 자연에서 가장 먼저 얻은 수학적 지식은 태양 모양의 원일지도 모른다. 태양으로서 원은 남성적인 힘을 뜻하지만, 영혼이나 마음, 대지를 둘러싸는 바다로서의 원은 어머니와 같은 여성적인 부드러움을 뜻하기도 한다. 그렇다면 둥근 원을 닮은 숫자 0은 언제, 어디서 시작되었으며, 수학사에 어떤 영향을 미쳤을까?

숫자 0을 발견한 사람의 정확한 신원은 알려져 있지 않지만,

인도의 서기로 추정되는 한 사람이 오늘날 우리가 비어있는 자릿수를 표시하기 위해 0을 사용하는 것과 같이, 주판에서 비어있는 열을 나타내기 위해 점을 사용하였는데, 학자들은 이러한 점의 표시가 후에 0으로 발전하게 된 것으로 추측하고 있다. 숫자가 지금과 같이 쓰이지 않았던 과거에는 동서양 모두 주판을 이용하여 계산을 하였다. 고대 주판에서 어떤 두 홈에 각각 3개씩 들어있는 조약돌을 나타냈다면, 그 수가 33, 330, 303, 3003 등의 많은 수들 중에서 어느 수를 나타낸 것인지 정확히 알 수 없을 것이다. 이렇게 고대 주판에서 수를 알기 위해서는 각 홈마다 들어있는 조약돌 개수뿐만 아니라 각 조약돌이 몇 번째 홈에 있는지도 알아야만 했다. 따라서 숫자 0은 처음에는 빈자리를 채워 주는 의미로 사용되었던 것이다.

6세기에 들어와서는 빈자리를 메우기 위하여 인도의 산스크리트어인 **슈냐**sunya라는 말에 해당하는 작은 동그라미(● 또는 ○)를 사용하게 되었다. 슈나는 공백이나 부재를 의미하는 말로, 오래 전부터 인도인의 종교 및 신화적 사고의 핵심적 내용을 구성하고 있었다. 따라서 인도 학자들은 슈나를 수의 요소로서 '없음'을 표현하는데, 수학적 관점에서뿐만 아니라 철학적 관점에서도 매우 적절하다고 판단하였던 것이다. 실제, '없음'을 나타내는 기호는 인도 숫자에만 있었던 것은 아니었다. 옛날 마야인들은 조개껍데기 모양의 기호를 만들어 0을 표시하였으며, 바빌로니아인들은 수판의 빈 공간을 표시하기 위해 비스듬한 모양의 쐐기문자를 사용하였다고 한다. 그러나 이들은 수로 생각되기보다 단순히 빈자리의 의미로만 사용하였다.

인도 수학에서는 1부터 9까지 서로 다른 숫자와 특별한 기호인 0을 이용하여 각 숫자가 놓이는 자리에 따라 나타내는 값이 다른 특별한 방식을 사용한 것이다. 2000여년 전, 인도에서는 수평 또는 수직으로 적당한 개수의 선을 그어 수를 표시하였으나, 마른 나뭇잎이나 나무껍질에 글씨를 쓰기 시작하면서 점차 필기하는 모양이 변하였다. 다음 그림은 9세기경의 인도 숫자를 나타낸 것이다.

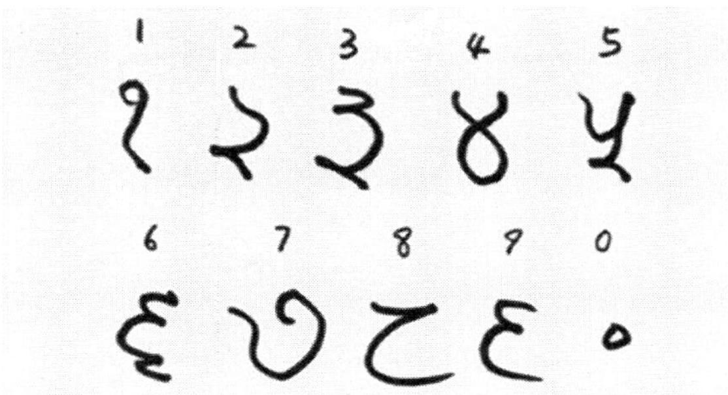

앞에서 기술한 바와 같이, 0은 빈자리를 메우기 위한 기호에 불과하였지만, 6세기에는 '아무것도 없음'을 의미하는 하나의 수로 인정받게 되었다. 그 이후, 0보다 작은 음수, 0, 0보다 큰 양수로 수를 구분할 수 있게 되었으며, 어떤 수에 0을 더하면 어떤 수 자신이고, 어떤 수에 0을 곱하면 항상 0이 된다는 사실을 발견하면서 0은 정식 숫자로 인정을 받게 되었다. 빈자리를 나타내는 0의 의미는 소수에서도 찾아볼 수 있는데, 예로, 소수 0.5와 0.005에서 0은 빈자리를 채워주고 자릿값을 나타내므로, 두 소수의 크기는 서로 다르다. 또한, 0은 시작점과 기준점을 나타내기도 한다.

이외에도 여러 종류의 숫자가 사용되었는데, 그 중에서 그리스 숫자와 로마 숫자에 대해 알아보자. 4000여년 전, 그리스인들은 다음 표에서와 같이 문자를 그대로 숫자로 사용하였다. 문자와 숫자를 함께 사용하였으므로 구별이 어려운 경우는 숫자에 선을 긋거나 점을 찍어서 사용하였다고 한다.

그리스 숫자				
α(1)	β(2)	γ(3)	δ(4)	ϵ(5)
ς(6)	ζ(7)	η(8)	θ(9)	ι(10)
κ(20)	λ(30)	μ(40)	ν(50)	ξ(60)
ρ(100)	σ(200)	τ(300)	υ(400)	ϕ(500)

한편, 로마에서는 책이나 시계 등에서 흔히 볼 수 있는 로마 숫자를 사용하였다.

1은 I, 2는 II, 3은 III, 4는 IV, 5는 V, 6은 VI …

IV(4)는 V(5)에서 1을 뺀다는 뜻으로 사용되었다. 즉, V의 왼쪽에 있는 숫자는 빼고, 오른쪽에 있으면 더한다는 의미로 사용되었다. 그래서 VI은 5+1=6이고 IX는 X에서 1을 뺀다는 의미로 10－1=9를 나타낸다.

로마 숫자				
I(1)	II(2)	III(3)	IV(4)	V(5)
VI(6)	VII(7)	VIII(8)	IX(9)	X(10)
XX(20)	XXX(30)	XL(40)	L(50)	LX(60)
LXX(70)	LXXX(80)	XC(90)	C(100)	M(1000)

마야 문명은 중앙아메리카의 멕시코 남동부, 과테말라 등 유카탄 반도 지역을 중심으로 번영했다가 10세기경에 멸망한 문명이다. 천체 관측법과 역법이 매우 발달하였으며, 고대 마야인들은 20진법의 수 체계를 사용하였다. 다음 그림은 마야인들의 20진법을 나타내는 수 체계이다.

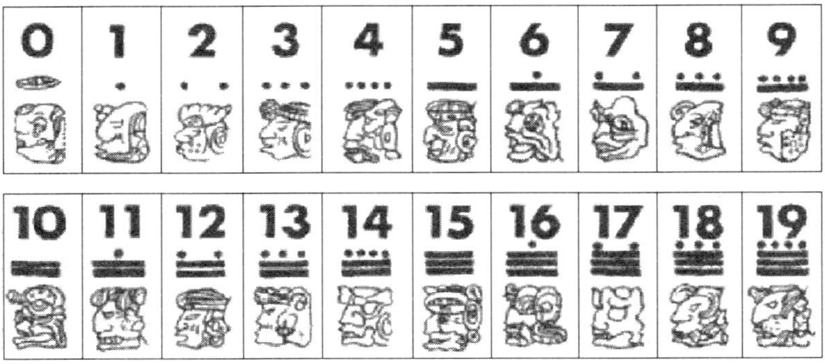

그러면 우리나라 수학은 언제, 어떻게 시작되고 발전되었을까? 중국에서는 약 2000여년 전, 한나라 시대에 《구장산술》이라는 수학 책이 있었는데, 이 책에는 넓이 계산, 나눗셈, 비례식, 제곱근, 연립방정식, 방정식, 직각삼각형 문제 등이 해답과 풀이의 순서로 기술되어 있다. 그 후, 당나라 때에는 원주율 π의 값을 3.1415927로 사용하였다고 한다. 이렇게 발달한 중국의 수학이 신라에 전해져 우리나라에서는 신라시대부터 정식으로 수학교육을 실시하게 되었다. 우리가 사용하고 있는 구구단은 지금으로부터 1200여년 전에 전해진 것인데 구구팔십일, 구팔칠십이 등과 같이 9단부터 먼저 외웠기 때문에 구구단이라 불리게 되었다.

다음 표에서 보는 바와 같이, 일, 이, 삼, … 등과 같이 숫자를 읽는 방법과 숫자를 표시하는 방법은 중국의 영향을 많이 받았다.

	一	二	三	四	五	六	七	八	九
중 국	이	알	산	스	우	류	치	바	츄
한 국	일	이	삼	사	오	육	칠	팔	구

발음이 비슷한 수 읽는 방법

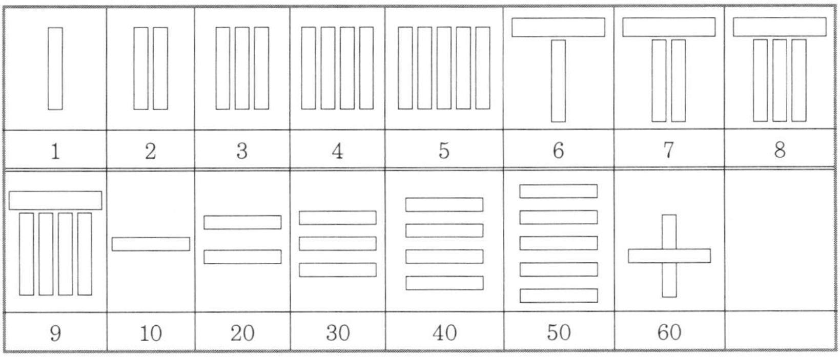

산목으로 나타낸 숫자

동양에서 가장 오래된 《구장산술》은 진한 시대의 산술서를 계승하고 후한 시대가 되어서 비로소 본 모습을 갖추게 된 중국의 산술서이다. 이 책은 소재가 다양하고 내용의 수학적 수준이 높아 당唐나라 이전의 가장 훌륭한 수학책으로 평가받고 있으며, 수록된 실용문제는 고대사회경제사의 사료로서도 그 가치가 인정되고 있다. 책의 저자는 알려져 있지 않지만 263년에 삼국시대 위나라의 유휘劉徽가 뛰어난 주석을 붙여 펴낸 것으로, 정수와 분수의 사칙운용, 넓이와 부피, 세금분배 및 식량교환 등에 관한 계산과 함께, 연립일차방정식의 해법과 측량을 위한 수학 등을 포함하고 있다.

《구장산술》에 수록된 이완지승가(그릇으로 스님 수를 알아맞히는 노래) 문제를 소개한다.

> 높고 높은 산 속에 오래된 절이 있는데,
> 절 안에 스님들은 몇 분인지 모르겠네.
> 그릇은 모두 3백64개로
> 딱 맞게 다 쓰시면서 다툼이 없는데,
> 셋이서 밥 한 그릇을 함께 잡수시며
> 넷이서 국 한 사발을 같이 드신다네.
> 선생께서는 산술에 능하시다니 묻겠노라.
> 도무지 절 안에 스님이 몇 분이나 계시는가?

풀이 이 문제에서 승려 수를 x 라 놓으면, 밥그릇 수는 $x/3$ 이고 국그릇 수는 $x/4$ 이므로, 일차방정식

$$\frac{x}{3} + \frac{x}{4} = \frac{7x}{12} = 364$$

에서 구하려는 승려 수는 624명임을 알 수 있다.

다음은 《구장산술》에 실려 있는 또 다른 문제를 소개한 것이다.

원문	번역
今有圓田周三十步經十步問爲田幾何答曰七十五步	둘레가 30보, 지름이 10보인 원 모양의 밭이 있다면, 밭의 넓이는 얼마인가? 답: 75보
원주율의 근삿값을 3.14로 할 때, 현재의 계산은 다음과 같다. $\pi \cdot 5^2 = 3.14 \cdot 5^2 = 78.5$(보²)	

《구장산술》은 모두 9장으로 구성되어 있으며, 246개의 수학문제가 수록되어 있다. 각 장의 내용과 문제 수는 다음 표와 같다.

장	명칭	내용	문제 수	비고
1	방전(方田)	넓이를 구하는 계산	20문	분자·분모·통분의 용어 사용
2	속미(粟米)	금전미곡의 교역산	46문	
3	쇠분(衰分)	비례 계산	20문	
4	소광(少廣)	넓이에서 변과 지름을 구하는 계산	24문	방전장의 역제곱근 풀이 소개
5	상공(商功)	토목공사에 관한 문제	28문	
6	균륜(均輸)	물자수송의 계산	28문	
7	영부족(盈不足)	분배의 과부족산	20문	
8	방정(方程)	일차연립방정식 계산문제	18문	가감법을 다룸
9	구고(句股)	직각삼각형에 관한 문제	24문	이차방정식 취급

《구장산술》에 수록된 각 장의 세부 내용에 대해 구체적으로 살펴보자. 문제 다음에 곧바로 답이 나오며, 같은 종류의 문제를 모아 계산법을 기술하고 있다. 이와 같이 문제–답–계산법의 3단계로 나누는 기술 방식은 중국 수학서에 공통으로 사용되는 형식이 되었다. 다음에 소개되는 몇 가지 문제에 대해서는 독자들이 직접 풀이해보기 바란다.

(1) 방전장에서 방전이란 사각형 모양의 논밭을 뜻하며, 여기서는 논밭의 측량 문제로 여러 형태의 논밭의 넓이를 계산하는 법을 가르치고 있다.

길이의 단위로 1보步는 6척尺이며, 넓이의 단위에서 1무畝는 240평방보平方步이며, 1경頃은 100무를 나타낸다. 문제의 답에서 넓이의 단위를 평방보라고 해야 함에도, 보라고만

쓰여 있다. 이러한 표현은 부피에 대해서도 입방보立方步로 해야 할 것을 단지 보라고만 하여 독자들을 혼란스럽게 하고 있다. 또한, 원형 모양 논밭의 넓이를 구하는 문제에서는 원주율을 3으로 간주하여 계산하고 있다. 한나라 시대에는 그보다 훨씬 상세한 원주율을 알고 있었지만 실용성을 고려해서 이처럼 간단한 수치로 계산한 것으로 보인다.

(2) 속미장에서는 속미(껍질을 벗기기 이전의 조)를 기준으로, 각종 곡물 또는 그 가공품끼리의 교환비율을 제시하고 곡물을 교환할 때의 계산법을 다루고 있는데, 계산법은 간단한 비례식으로 처리하고 있다. 여기서 미(米)는 우리가 알고 있는 쌀이 아니라 조를 찧어 껍질을 벗긴 것을 가리킨다.

(3) 쇠분장에서는 비례 배분을 계산하는 법을 다룬다. '쇠분'은 차差를 나타내는 뜻으로 차등을 두면서 비례적으로 골고루 나누는 계산법을 말한다. 예로, 다음 문제를 생각해보자.

문제 대부, 불경, 잠뇨, 상조, 공사 모두 다섯 사람이 있다. 이들이 공동으로 사냥을 하여 사슴 다섯 마리를 잡았다고 한다. 이 사슴들을 작위의 순서에 따라 나누려고 할 때, 어떻게 나누어야 하는가?

문제에서의 대부, 불경, 잠뇨, 상조, 공사는 진나라 시대부터 존재하던 작위제도로, 작위제도에 의하면 작위는 20등급으로 나뉘고, 가장 말단이 공사, 그리고 순차적으로 상조, 잠뇨, 불경, 대부로 올라간다. 따라서 문제에 명시되어 있지는 않지만, 대부를 5, 그 이하 작위에는 4, 3, 2, 1의 비율로 차등하여 다섯 마리의 사슴을 나눠준다는 전제에서 문제를 풀이하여야 한다.

(4) 소광장에서도 방전장과 같이 넓이 문제를 주로 다루고 있지만, 마지막 6문제는 부피를 구하는 문제이다. 방전장과 다른 점은 먼저 넓이 또는 부피를 알려준 다음, 변의 길이를 구하는 문제로 방전장의 역산으로 처리된다.

문제 가로가 1보반, 넓이가 1무인 경작지가 있다. 세로는 얼마인가?

문제 부피가 4,500척인 구가 있다. 그 지름은 얼마인가?

(5) 상공장에는 다양한 토목공사의 공정을 계산하는 문제가 포함되어 있다. 성을 축조하거나 도랑을 파려면 토사의 양, 즉 각종 입방체의 부피를 계산할 필요가 있다. 여기서 입방체의 종류는 원통, 원기둥, 원뿔, 사각뿔, 각뿔대 등 여러 가지 모양이고, 그들 부피는 모두 정확하게 계산되고 있다.

(6) 균륜장에서는 백성에 대한 부역을 어떻게 공평하게 부과할 것인가를 고려한 문제와 조세의 운반과 관련된 문제를 다룬다. 중국 관료제가 백성들을 얼마나 혹사시켰는지 문제들을 통하여 알 수 있다.

(7) 영부족장에서는 남거나 부족한 것을 가정할 때, 맞는 수를 구하는 과부족 문제를 다룬다.

문제 공동으로 물건을 구입한다고 할 때, 각 사람이 8전씩 내면 3전이 남고, 각 사람이 7전씩 내면 4전이 부족하다고 한다. 사람 수와 물건 값은 각각 얼마인가?

(8) 방정장에서는 연립일차방정식의 해를 구하는 문제를 다룬다. 다음과 같은 문제에서 x, y의 미지수로 식을 표시하지 않고 그 계수나 상수항을 산목을 이용하여 두 행의 방정식으로 나타내었다.

문제 상급벼 7단이 있다. 거기서 나오는 벼의 양을 1말 줄이고, 하급벼 2단으로 채우면 벼의 양이 모두 10말이 된다고 한다. 또 하급벼 8단이 있다. 거기에 벼 1말과 상급벼 2단을 섞으면 모두 10말이 된다고 한다. 그렇다면 상급벼와 하급벼 1단에서 각각 얼마의 벼를 수확할 수 있는가?

(9) 구고장에서는 피타고라스 정리를 응용하여 푸는 문제들이 소개되어 있다. 이 장에는 직각삼각형의 두 변을 알고 다른 한 변의 길이를 구하는 문제가 많고, 이들은 제곱근을 구하는 방식으로 푼다. 그러나 복잡한 문제는 이차방정식의 해를 구하는 방식으로 풀이한다. 또한, 이 장에서는 멀리 떨어져 있는 나무를 보고, 그 나무까지의 거리를 측정한다든지, 산의 높이를 측정하는 등의 문제도 있는데 이들은 측량술의 발달과 관계가 있는 계산법이다.

열 번째 이야기

길이의 단위

기원전 3,000년경, 피라미드와 스핑크스를 만든 이집트인들은 길이의 단위로 **큐빗**cubit을 사용하였다. 1큐빗은 팔을 구부렸을 때 팔꿈치 모서리에서 가운데 손가락 끝까지의 길이를 나타낸 것으로, 그 당시 1큐빗은 약 52.4센티미터(또는 46.4센티미터)이었다. 그 이후에 큐빗은 고대 세계에서 보편화되었으며, 약 45.7센티미터에 해당하는 길이로 사용되었다고 한다.

과거 우리나라에서는 길이의 단위로 뼘, 발 등을 사용하였는데, 뼘은 엄지와 인지를 쭉 폈을 때의 길이(약 20센티미터)이며, 발은 두 팔을 잔뜩 벌린 길이를 말한다. 그리고 우리 조상들은 길이의 단위로 자를 많이 사용하였다. 자는 엄지와 중지를 쭉 폈을 때의 길이에서 비롯되었으며, 자의 한자어인 척尺은 손바닥을 펼쳐서 길이를 재는 형상에서 온 상형문자이다. 처음에는 1자가 18

센티미터 정도였던 것으로 추정되며 차차 길어져 중국 한나라 때는 약 23센티미터, 당나라 때는 약 24.5센티미터로 사용되기도 하였다. 우리나라에서는 고려 및 조선시대 초기까지는 32.21센티미터를 1자로 하였으나, 세종 12년에 31.22센티미터로 바꾸어 사용해 오다가 1902년부터는 약 30.3센티미터로 통용되었다. 1963년 계량법이 제정되면서 현재는 자를 거래나 증명 등의 계산단위로 사용하지 못하게 되었다. 그리고 토지나 건물 등의 넓이를 나타낼 때 주로 사용하는 평坪은 가로와 세로가 6자인 정사각형의 넓이로 약 3.3평방미터이다. 평은 1983년 1월 1일부터 법률상 사용이 금지되었으나 아직도 일상생활에서는 널리 사용되고 있다.

현재, 세계적으로 통용되는 길이의 단위는 미터m이다. 1미터는 북극점에서 파리를 통과해 적도에 이르는 지구 사분원의 10,000,000분의 1의 값으로 1791년 프랑스 과학 아카데미에서 정하였다. 1889년에는 국제 중량 및 측량국에서 90%의 백금과 10%의 이리듐으로 만든 표준 자를 이용하여 국제표준을 만들었다. 1960년경에는 빛의 파장까지도 측정할 수 있는 기술이 개발되어 인공물에 의존하지 않고서도 더 정확하고 쉬운 표준을 설정할 수 있게 되었다. 이에 따라, 1983년에 1미터를 빛이 1초 동안에 이동하는 거리의 299,792,458분의 1로 바꾸었다.

미터를 기본 단위로 하여 킬로미터, 센티미터, 밀리미터, 미크론(미터의 백만분의 1), 밀리미크론(미터의 십억분의 1), 옹그스트롱(미터의 백억분의 1) 등의 다양한 단위의 길이를 사용하고 있다. 우주에서 수소 다음으로 풍부하며 핵융합에 의해 수소로부터 합성되는 헬륨 원자의 크기가 1옹그스트롱이다. 1**광년**은 빛이 1년 동안 걸려서 가는 거리로서, 빛은 1초 동안에 약 30만 킬로미터를 진행하므로 1광년을 미터로 바꾸면 약 9,460조 8천억 미터에 해당된다. 우리가 잘 알고 있는 북극성까지의 거리가 800광년이니까 얼마나 먼 거리인지 상상조차 되지 않는다.

미국을 비롯한 영어권의 국가에서는 길이의 단위로 **피트**feet와 **야드**yard 등을 사용하고 있다. 로마인들도 길이를 재는 단위가 없었을 때, 흔히 자기 자신의 신체 길이를 단위로 사용하였다. 그러나 이는 사람마다 크기가 다르므로 불편한 점이 많았다. 피트 역시 사람의 발 길이로 측정하였기 때문에 재는 사람의 발 크기에 따라 25~34 센티미터로 다양하였다. 지금은 미터법을 사용하는 나라가 대부분이며, 피트 단위를 사용하는 나라에서도 피트 길이를 미터로 환산해 사용하고 있다. 미국에서는 1893년부터 피트를 미터로 환산해서 사용하기 시작하였는데, 1959년 이후에는 1피트를 30.48센티미터로 정하여 사용하고 있다. 야드는 지금으로부터 800여년 전, 영국 헨리 1세가 정한 길이의 단위로서, 왕의 코에서부터 한쪽 팔을 쭉 뻗은 손가락 끝까지 길이로 약 91.44센티미터이고, 인치는 어른 엄지손가락 길이를 나타내는데 약 2.54센티미터이다.

거리를 나타내는 또 다른 단위로 **마일**mile이 있다. 1마일은 5,280피트에 해당하며 약 1609.3미터이다. 마일은 로마어의 1,000걸음mille passus에서 나온 말로서 로마의 5,000피트와 영국의 4,840피트와 동일한 값이다. 1500년경 런던에서의 1마일은 8 펄롱furrow-long이었다. 1펄롱은 그 당시 북부 독일인의 긴 발의 길이를 기준으로 625피트이었으므로, 옛 런던의 1마일은 5,000피트(약 1,524미터)가 된다. 엘리자베스 1세 여왕 재위중인 1593년에는 다시 짧은 발의 길이를 기준으로 해서 1펄롱을 660피트로 한다는 법령을 발표하여 1마일은 280피트가 늘어난 5,280피트가 되었다. 영국을 제외한 다른 영연방 국가들은 1마일의 기준을 서로 다르게 사용하였는데, 아일랜드에서는 1마일을 6,721피트, 스코틀랜드에서는 5,951피트로 사용하였다.

해운이나 항공운송에서 보편적으로 사용되는 거리의 단위는 **해리**nautical mile이다. 해리는 지구 둘레를 분(1/60°) 단위로 나눈 값, 즉 지구 둘레를 360도로 놓고 1분에 해당하는 길이를 1해리로 정하였는데, 1해리는 1,852미터에 해당한다. 그리고 배의 속도를 나타내는 1노트knot는 1시간에 1해리를 가는 속도를 뜻한다. 노트는 16세기경부터 항해용 단위로 사용되었으며, 그 명칭은 당시 선미에 삼각형의 널조각을 끈에 매달아 흘려 보내면서 그 끈에 28피트(약 8.5미터)마다 매듭을 짓고, 28초 동안 풀려나간 끈의 매듭을 세어 배의 속력을 재었던 것에서 유래되었다고 한다.

다음 표는 앞에서 기술한 길이에 관한 단위의 설정기준과 그 길이를 미터법으로 환산하여 나타낸 것이다.

단위	설정기준	미터법 환산
미터	빛이 1초 동안에 이동하는 거리의 299,792,458분의 1	
뼘	엄지손가락과 집게손가락을 쭉 폈을 때의 길이	약 20센티미터
자	엄지손가락과 가운뎃손가락을 쭉 폈을 때의 길이	약 30.3센티미터
큐빗	팔을 구부렸을 때 팔꿈치 모서리에서 가운데 손가락 끝까지의 길이	45.7센티미터
피트	발의 길이	30.48센티미터
야드	코에서부터 한쪽 팔을 쭉 뻗은 손가락 끝까지의 길이	약 91.44센티미터
인치	어른 엄지손가락의 길이	약 2.54센티미터
해리	각도 1분에 해당하는 지구 둘레의 길이	1,852미터

이제 독도 영유권 문제와 함께, **배타적 경제 수역**EEZ, Exclusive Economic Zone에 대해 알아보자.

국제해양법에 따르면 EEZ는 자국 영토의 해안에서 200해리까지 적용되는 것이 일반적이다. 한일간의 배타적 경제 수역을 한국은 무인도는 배타적 경제 수역의 기점으로 삼을 수 없다는 국제협약에 따라 울릉도와 일본 오키도의 중간을 양국의 경계로 제안하였으나, 일본은 그에 앞서 1996년 독도를 자국 영토의 잠재적 유인도로 규정하고 독도를 기점으로 배타적 경제 수역을 선포하면서 울릉도와 독도 사이의 중간 선을 양국 간의 배타적 경제 수역의 경계로 할 것을 제의하였다. 당연히 양국 간 합의가 이뤄지지 못하다가 1999년 한일어업협정을 통해 두 나라는 배타적 경제 수역의 범위를 각각 35해리로 정하고 양국이 제안한 배타적 경제 수역의 경계를 감안해서 중간 수역을 설정하였다. 이에 따라, 독도는 한일 공동 수역에 포함되게 되었다. 한국 내에서는 이 합의안이 독도 영유권에 대한 문제의 소지가 있을 수 있는 협정이라 하여 강한 반대에 직면하기도 하였다. 일본은 공동 수역을 독도 인근 잠정 수역으로 지칭하며 독도 영유권이 명확하지 않음을 전제하고 있다. 그러나 우리 정부는 한일 공동 수역은 독도의 영해 문제와 다른 문제로 규정해왔고 독도 기점 12해리를 영해로 관할하고 있다.

독도가 어느 나라 영토인지는 불을 보듯 명백하여 일고의 가치도 없지만, 일본의 생트집에 명확한 답을 주기 위해서라도 독도가 우리 땅이라는 근거들을 살펴볼 필요가 있다. 독도학회 홈페이지(www.dokdoinkorea.com)에서 신용하 교수는 독도의 영유권 문제에 대해 명쾌한 답을 제시하고 있다. 그는 다음과 같이 역사적 근원, 국제법적 지위, 실효적 점유 등의 세 가지 측면에서 한국은 이 조건들을 완벽하게 갖추고 있다고 설명한다.

역사적으로 독도가 우리의 고유 영토로 편입된 것은 서기 512년, 신라 지증왕 13년 우산국이 신라에 병합된 때부터이다. 이는 삼국사기에 실려 있는 내용이며 이후 세종실록지리지, 신증동국여지승람, 만기요람 군정편, 증보문헌비고 등 다수의 고문헌에도 기록되어 있다. 이들 고문헌에는 울릉도와 독도가 우산국의 일부이며 우리 땅임을 명확히 하고 있다. 이에 비해 일본 측에서 처음으로 독도를 인지한 고문헌으로 1667년의 은주시청합기가 있다. 하지만 이 일본의 고문헌에서조차도 독도와 울릉도를 고려 영토라고 밝히고 있다. 도쿠가와 시대 일본 최고의 실학자인 하야시 시헤이가 1785년에 편찬한 삼국통람도설 부록에 있는 5장의 지도 중에서 삼국접양지도와 대일본지도에는 울릉도와 독도에 조선을 의미하는 황색(일본은 녹색)이 표시되어 있다. 하야시 시헤이는 울릉도와 독도를 정확한 위치에 표시했으며, 울릉도와 독도가 표시된 지점의 바로 옆에 '조선의 것'이라는 글을 써넣기도 하였다. 그 외에도 많은 고지도들과 자료들은 독도가 한국 땅임을 입증해주고 있다. 왼쪽 지도는 1899년 대한제국에서 제작하여 배포한 것으로, 독

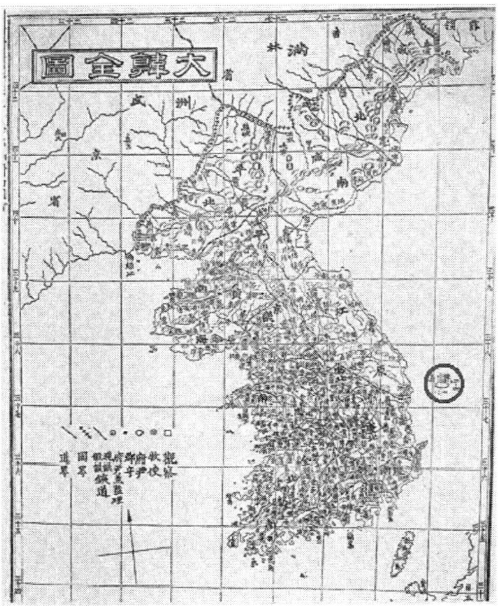

도가 울릉도의 동쪽에 위치하고 있다.

국제법상으로도 독도는 한국 영토임에 분명하다. 일본은 1905년 내각회의에서 독도가 그동안 주인이 없는 무주지임을 밝히고 일본 영토에 편입한다고 밝혔으나, 대한제국 정부는 이보다 5년 앞서 대한제국 칙령 제41호에 독도를 우리 영토라 명확히 표시하고 관보에 게재하여 전 세계에 공포하였다. 1905년 당시에 일본은 독도가 한국 영토임을 잘 알고 있었기 때문에 한국 정부에 조회나 통보는 물론, 그들의 관보에도 게재하지 못하고 다만 시마네 현의 현보에 독도가 그들의 영토라고 조그맣게 게재하여 고시했을 뿐이었다. 이후 일제가 한반도를 식민지로 강점하였으나, 연합국 최고사령부는 1895년 이래 침략전쟁이나 약취한 영토는 모두 원주민에게 반환토록 한 각종 선언과 문서에 의거 1946년 연합국 최고사령부지령 제677호를 통해 독도를 일본에서 영구히 제외하고 한국에 반환하게 된 것이다. 곧 이어, 연합국 최고사령부지령 제1033호는 일본 어부들이 독도와 그 영해 근접수역 12마일 안에 들어가지 못하도록 명령하기도 하였다. 이와 같이 역사적 사실이나 국제법상의 지위 어느 것으로 보더라도 독도가 우리 영토임은 명백하다.

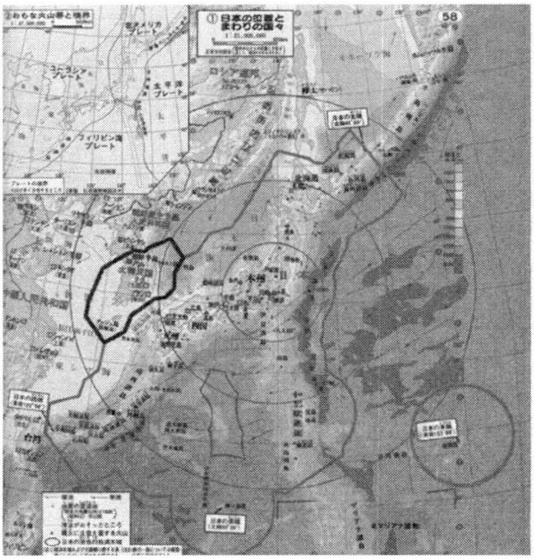

오른쪽 지도는 한국과 일본의 영토 및 영해를 나타낸 것이다. 지도에서 보는 바와 같이 영토에 비해 엄청난 넓이의 영해를 차지

하고 있으면서도, 영토에 대한 끝없는 야욕을 부리고 있는 일본은 우리나라와의 독도뿐만 아니라, 쿠릴 열도와 조어도 등을 두고 러시아와 중국, 타이완 등 동북아의 여러 국가와도 영토분쟁을 지속적으로 벌이고 있다. 그러면 왜 일본은 독도를 차지하지 못해 발버둥을 치고 있는 것일까? 그 이유로 학자들은 독도 주변 해역에 매장되어 있는 화석연료의 일종인 메탄 하이드레이트, 풍성한 황금어장, 군사적 및 해양 과학적 가치와 독도가 해저산의 진화과정을 한눈에 볼 수 있는 세계적인 지질유적이라는 점 등을 들고 있다.

열한 번째 이야기

행운의 숫자와 불운의 숫자

숫자 중에는 우리가 좋아하는 숫자도 있고 상대적으로 싫어하는 숫자도 있다.

자연계는 동물, 식물과 광물의 3가지로 이루어져 있고, 사람은 마음, 영혼과 육체의 3가지로 구성되어 있다고 하여 서양에서는 3이라는 숫자를 완전한 숫자라고 여겼다. 3을 완전한 숫자로 보는 것은 동양에서도 마찬가지다. 동양에서는 음양의 이치로 따졌을 때, 1은 어떠한 수와도 섞이지 않은 순양의 수이고, 2는 최초의 음수로 순음의 수라고 하였다. 3은 양수의 시작인 순양 1과 음수의 시작인 순음 2가 결합하여 생겨난 최초의 수로서, 음과 양의 조화가 비로소 완벽하게 이루어진 숫자라는 것이다. 3은 결국 완성과 안정, 조화와 변화를 상징하는 귀한 숫자로 여겨졌다.

우리 민족은 좋은 일은 물론 나쁜 일에도 3을 널리 사용하여 좋은 일은 더욱 좋게, 궂은 일은 원만히 풀어갈 수 있기를 소망하였다. 출산을 다스리는 신을 셋으로 보아, 아기를 낳은 뒤 초삼일 또는 초칠일, 두칠일, 삼칠일마다 삼신할머니에게 밥 3그릇으로 상을 차려 아이가 무사히 자랄 수 있도록 지성을 올리기도 했으며, 정화수를 떠놓고 이 물을 3번 흩뿌리면 부정을 물리칠 수 있다고도 믿었다. 또한, 설날 새벽에 대궐에서는 부정한 것을 쫓아내기 위해 대포를 3번 쏘는 '세포'를 울렸다고 한다. 사람이 죽으면 영혼이 3년 동안 집안에 머물다가 승천한다는 생각으로, 3년상을 치른 것도 이러한 맥락에서 유래되었다고 볼 수 있다.

우리나라 사람들이 생각하는 행운의 숫자는 7이다. 그리고 행운의 숫자는 아니라도 대개는 숫자 3을 좋아한다. 그러나 숫자 4는 '죽을 사死'자와 발음이 비슷하다고 해서 4를 무척 꺼린다. 4층을 F로 표시한 건물도 많고, 호텔의 객실번호 등에 숫자 4를 쓰지 않는 등 그러한 미신은 일상생활에서도 쉽게 찾아볼 수 있다. 필자도 집을 구하려 다니다가 아파트 호수가 404호라는 이유로 회피한 경험이 있다. 북한에서는 숫자 3에는 천, 지, 인을 포함하는 우주의 섭리가 모두 들어 있다고 생각하여 3을 행운의 숫자로, 그리고 1을 불행의 숫자로 생각한다고 한다.

그러면 우리가 행운의 수라고 생각하는 숫자 7에는 어떤 의미가 있을까?

피타고라스 학파에 따르면, 점은 1, 선은 2, 평면은 3, 입체는 4라고 하여, 이들이 1, 2, 3, 4를 가지고 우주의 모든 것을 생각할 수 있다고 하였다. 이 4개의 수의 합인 10은 영적이고 신성하며 전능한 숫자라고 믿었다. 또한, 7은 기회 또는 건강, 8은 사랑,

1+2 또는 3+2는 결혼, 2+2(또는 2×2)는 정의라고 생각하였다. 이러한 비합리적인 산술학은 후세에 영향을 주었다. 7은 대우주를 나타내는 숫자이다. 3은 하늘과 영혼을, 4는 대지와 육체를 나타내기 때문에, 7은 영적인 것과 세속적인 것을 함께 포함하는 제일 작은 수라는 것이다. 7과 연관되는 것으로는 7개의 행성과 그 행성이 나타내는 7가지 금속들, 즉 은(달), 수은(수성), 동(금성), 금(태양), 철(화성), 주석(목성), 납(토성)이 있으며, 7색의 무지개, 7요일, 7음계, 세계의 7대 불가사의 등 많이 있다. 7일 만에 천지창조를 하였듯이 성경에서의 성스러운 숫자도 7이다. 다음은 성경 《다니엘서》 9장 24절에 있는 내용이다.

> **네 백성과 네 거룩한 성을 위하여 칠십이레로 기한을 정하였으니 허물이 마치며 죄가 끝나며 죄악이 영속되며 영원한 의가 드러나며 이상과 예언이 응하며 또 지극히 거룩한 자가 기름부음을 받으리라.**

여기서, 칠십이레란 한정할 수 없는 기간을 뜻한다. 수 70의 7은 완전을 상징하며, 또 하느님의 사역을 완성하는 기간을 의미한다. 이러한 이유로 기독교 문화권에서는 럭키 세븐이 정착된 것으로 여겨진다. 이와는 반대로, 동아프리카에서는 7이라는 숫자를 매우 불길한 숫자로 여기고 이날에는 외출도 삼가는 종족도 있다. 물론, 7이 모든 사람들에게 있어서 행운의 숫자는 아닐 것이다.

중국 사람들은 숫자 8을 좋아한다. 그 이유는 8의 중국어 발음인 '빠'가 발發의 '파' 발음이 비슷하기 때문이다. 글자 발은 발재, 즉 '재산을 모은다'는 뜻이 있으므로, 숫자 8을 길한 숫자로 생각한다. 실제로, 중국에서는 8자가 계속되는 전화번호나 차번호 등은 엄청난 프리미엄이 붙어 거래되는 것은 물론, 8,888원 등 8원으로 끝나는 가격표도 흔히 볼 수 있다. 중국인이 좋아하는 또 다른 숫자는 9인데, 9의 발음인 '지우'는 '길다', '장수하다' 등의 뜻을 가진 '구久'자와 발음이 같기 때문이다. 불행의 숫자는 우리와 같은 이유로 4와 14이다.

일본도 역시 한자권의 나라이므로, 일본인들의 불행의 숫자도 4이다. 또한, 9도 일본인들은 불행의 숫자로 생각한다. 보통 서구 사람들이 아홉수를 싫어하듯이 일본도 서구의 영향을 받아 아홉수를 싫어한다. 그리고 옛 백제의 영향을 많이 받아서 3과 7을 행운의 숫자로 생각한다. 즉, 일본에서의 행운의 수는 3과 7이고, 불행의 수는 4와 9이다.

미국인들의 행운의 숫자는 1 또는 2이고 불행의 숫자는 13이다. 영어단어에 **13 공포증**triskaidekaphobia이란 말이 있을 정도로 미국을 비롯한 서양인들이 숫자 13을 무척 싫어하는 이유는 무엇일까?

숫자 13을 불길하다고 여기기 시작한 것은 고대 노르웨이의 신화에서 유래되었다. 다음의 신화가 13을 둘러싼 불행에 대한 최초의 기록이라고 한다.

어느 날, 발할라 신전에서 국민적 영웅을 모시는 잔치가 벌어졌다. 그때 12명의 신이 초대되었는데, 초대받지 않은 '분쟁과 악'의 신인 '로키'가 그 자리에 나타나 13명의 신들이 모이게 되었다. 그래서 로키를 몰아내려는 싸움이 벌어져, 그 싸움에서 가장 사랑을 많이 받던 신 '발더'가 살해되고 말았다.

또한, 기독교의 여명기에는 숫자 13에 대한 공포가 더욱 심했다고 하는데, 이는 예수를 팔아넘긴 배신자 가롯 유다가 최후의 만찬에서 13번째 손님이었다는 사실에서 그 원인을 찾아볼 수 있다.

또 다른 이유로 교수대에 설치된 층계의 숫자가 13개이었기 때문이라고도 한다. 그리고 12는 안정적인 숫자로 생각하여 1년을 12개월로 정하였다고도 하는데, 여기에 1을 더한 13은 안정을 해치는 불길한 수로 생각했다. 아폴로 13호는 달에 착륙할 우주탐사선이었지만, 고장으로 인해 달에 착륙하지 못하고 어려운 역경을 겪으면서 태평양에 무사히 착수하여 지구로 귀환하였다. 이 우주선은 1970년 4월 11일 13시 13분에 발사되었는데, 이 불행한 사건은 숫자 13에 대한 공포를 불러일으키는 데 충분하였다.

그리고 숫자 13은 미국을 나타내는 수이기도 하다. 실제로, 다음 미국의 1달러짜리 지폐에는 13층짜리 피라미드가 그려져 있고, 그 오른쪽에 그려진 독수리의 한쪽 발에는 13개의 잎이 달린 올리브 가지가 쥐어져 있으며, 다른 발에는 13개의 화살이 그려져 있다. 그리고 독수리의 머리 위에는 13개의 별이 있는데, 이들은 미국이 처음에 13개 주로 출발한 데서 유래되었다고 한다.

다음으로, 13이 갖는 수학적 구조에 대해 살펴보자.

숫자 4는 $0=0^2$, $1=1^2$ 다음의 완전제곱수이다. 즉, $4=2^2$ 이

다. 이와 같은 수는 정사각형 안에 그 수만큼 점으로 배열할 수 있다는 뜻이다. 예로서, 완전제곱수는 다음과 같이 사각수로서 배열할 수 있다.

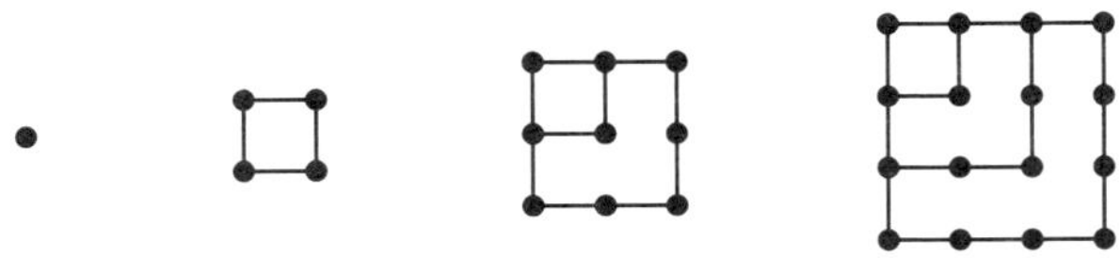

$1 = 1^2 \qquad 1+3 = 2^2 \qquad 1+3+5 = 3^2 \qquad 1+3+5+7 = 4^2$

그리고 0, 1을 제외한 처음 두 완전제곱수 4와 9의 합은 13이다. 즉

$$2^2 + 3^2 = 13 = 4^2 - 3$$

이다. 이를 그림으로 다음과 같이 나타낼 수 있다.

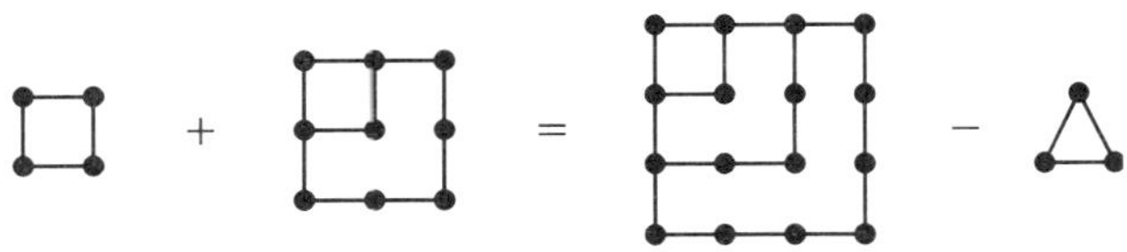

한편, $13 = 3^0 + 3^1 + 3^2$ 이므로, 13을 다음 그림으로 나타낼 수도 있다.

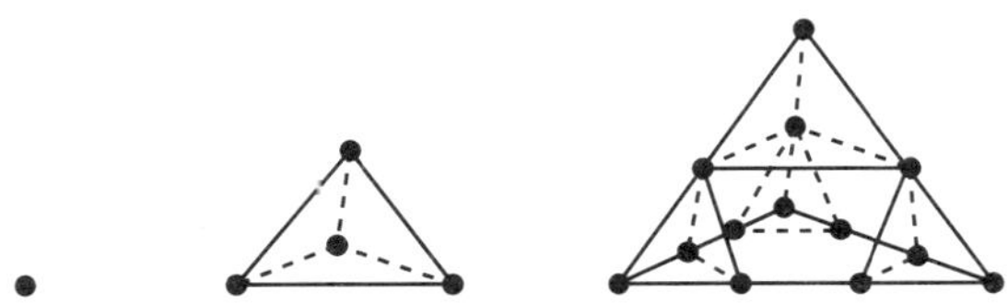

$3^0 = 1 \qquad 3^0 + 3^1 = 4 \qquad 3^0 + 3^1 + 3^2 = 13$

열두 번째 이야기

비둘기 집의 원리

비둘기 집의 원리pigeonhole principle는 독일의 수학자 디리클레Dirichlet, 1805~1859가 공식화한 것으로, 사물과 사물 사이에 존재하는 양적 관계에 대한 일종의 법칙을 밝히는 간단한 수학적 원리로서 수학 문제를 해결하는 유용한 수단이다. 복잡해 보이거나, 심지어는 전혀 풀 수 없는 것 같이 보이는 문제도 비둘기 집의 원리를 교묘하게 활용하면 간단하게 풀 수도 있다.

비둘기 집의 원리는 조합론 분야에서 중요한 기본정리 중의 하나로서

> $(n+1)$ **마리의 비둘기가** n **개의 비둘기 집에 들어간다면, 적어도 두 마리의 비둘기는 같은 집에 들어가야 한다.**

는 것이다. 비둘기 집의 원리는 디리클레의 이름에서 **디리클레의**

원리 혹은 **서랍의 원리**라 불린다. 이 원리의 증명은 간단하다. 만약 결론이 성립하지 않는다고 가정하면, 각 비둘기 집에는 단지 한 마리의 비둘기가 들어가든지 아니면 한 마리도 들어가지 않아야 하는데, 이 경우 $(n+1)$마리의 비둘기가 모두 비둘기 집에 들어갈 수 없으므로 모순이다.

이 원리를 좀더 일반화하여

> **m개의 원소를 n개의 집합으로 나누면, 그 속에는 적당한 k에 대해 k개 이상의 원소를 가지는 집합이 적어도 하나 존재한다.**

와 같이 나타낼 수 있다. 이때, m이 n으로 나누어 떨어지면 $k=m/n$으로 주어지고, m이 n으로 나누어 떨어지지 않으면 $k=[m/n]+1$이 된다. 여기서, $[x]$는 **가우스 기호**Gauss' notation로 x를 넘지 않는 최대의 정수를 나타낸다.

비둘기 집의 원리를 좀더 구체적인 상황에 적용해보자.

간단한 예로, "임의의 서로 다른 11개의 자연수 중에는 두 수의 차가 10의 배수가 되는 짝이 적어도 한 쌍이 있음을 보여라."라는 문제와 "8명의 학생 중에는 생일의 요일이 같은 학생이 반드시 2명 이상 있음을 보여라."라는 문제는 아주 간단하게 설명할 수 있다.

다음으로 "25명의 학생 중에서 적어도 3명은 같은 달에 태어났음을 증명해보아라."라는 문제를 푼다고 할 때, 비둘기 집에 해당하는 것은 달의 수, 즉 12개의 비둘기 집이 있고, 비둘기는 학생들, 즉 25가 비둘기 수에 해당한다. 일반화된 비둘기 집의 원리에 의해서, 25는 12로 나누어 떨어지지 않고 $[25/3]+1=3$이므로, 적어도 3명은 같은 달에 태어났다는 것이 증명된다.

이제, 다음의 흥미 있는 문제를 풀어보자.

한 변의 길이가 1센티미터인 정육각형 안에 임의로 7개의 점을 찍으면, 이들 가운데 두 점 사이의 거리가 1 이하인 것이 적어도 한 쌍이 있음을 증명해보자. 오른쪽 그림과 같이 정육각형을 한 변의 길이가 1 센티미터인 6개의 정삼각형으로 나누면, 비둘기 집의 원리에 의해 적어도 하나의 정삼각형에는 두 개 이상의 점이 들어가야 한다. 따라서 같은 삼각형 안에 있는 두 점 사이의 거리는 1 이하가 된다.

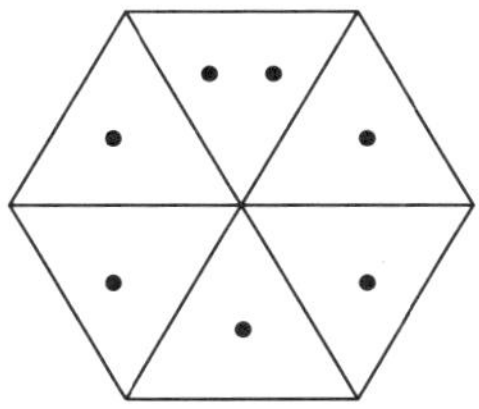

또한, 한 변의 길이가 2인 정사각형에 5개의 점이 있으면, 오른쪽 그림을 이용하여 두 점 사이의 거리가 $\sqrt{2}$ 보다 작은 점이 반드시 존재한다는 것도 쉽게 보일 수 있다.

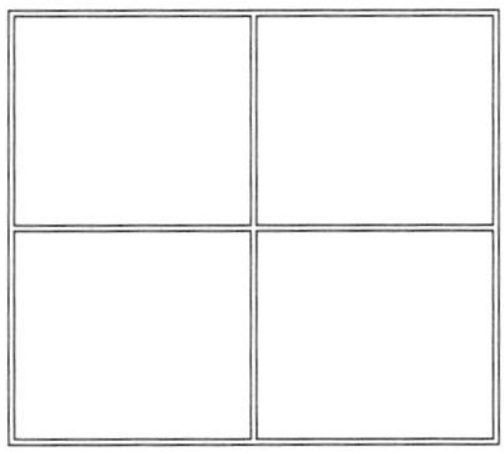

그럼 조금 더 어려운 다음 문제를 풀어보자.

문제 1 크기와 모양이 같은 7가지 무지개 색깔의 양말이 속이 보이지 않는 상자 속에 각 10켤레씩 140개가 들어 있다. 이 양말들을 뒤섞어서 보지 않고 하나씩 집어낸다고 하자. 이때, 양말 6켤레를 맞추려면 적어도 몇 개의 양말을 집어내어야 하는가? 단, 양말 켤레의 색깔은 같아야 하지만, 각 켤레의 색깔은 같지 않아도 된다.

풀이 먼저, 7가지 색깔의 양말이 모두 들어 있는 상자에서 8개의 양말을 무작위로 집어내면, 비둘기 집의 원리에 의해 같은 색깔의 양말은 적어도 1켤레는 있다. 여기서, 양말 1켤레를 만들 수 있고, 나머지 6개의 양말과 추가로 집어낸 2개의 양말을 합한 8개의 양말 중에서 또 적어도 1켤레의 양말을 만들 수 있다. 이러한 방법을 계속 진행한다면 18개의 양말만 집어내면 적어도 색깔이 같은 6켤레의 양말을 맞출 수 있다.

코끼리를 수학적 방법으로 냉장고에 넣는 유머가 있어서 소개한다.

① 해석학에서는 코끼리를 미분해서 넣고 냉장고 속에서 적분한다.
② 집합론에서는 냉장고라는 집합을 냉장고={코끼리}라고 둔다.
③ 대수학에서는 코끼리의 부분 부분이 냉장고에 들어갈 수 있음을 보인 후, 냉장고가 덧셈에 대해 닫혀 있음을 보인다.
④ 조합론에서는 기존의 방법보다 더 많은 코끼리를 넣을 수 있음을 보인다. 코끼리가 냉장고의 개수보다 더 많을 경우에, 코끼리를 비둘기로, 냉장고를 비둘기 집으로 바꾸어 비둘기 집의 원리를 적용하면, 적어도 하나의 냉장고에는 2마리 이상의 코끼리를 넣을 수 있음을 알 수 있다.

마지막으로, 가우스 기호에 대해 좀더 상세히 알아보자.

보통 $[x]$ 의 꼴로 나타내는 가우스 기호는 주어진 실수 x 보다 작거나 같은 가장 큰 정수, 즉 x 보다 크지 않는 최대의 정수를

뜻한다. 예로,

$$[3.14] = 3, \ [-3.14] = -4, \ [3] = 3$$

이다. 그러면, 역으로 $[x]$의 값을 아는 경우, x의 범위는 어떻게 주어질까? 다음의 예를 살펴보자

$$[x] = 2 \quad \Rightarrow \quad 2 \le x < 3$$
$$[x] = -2 \quad \Rightarrow \quad -2 \le x < -1$$

일반적으로, $[x] = n$ 이면, x는 $n \le x < n+1$의 범위에서 값을 가진다.

가우스 기호에 대한 다음 문제들을 풀어보아라.

문제 2 $0 < [x] < 1$을 만족하는 x의 범위를 구하여라.

풀이 해가 없음.

문제 3 $-2 < [x] < 3$을 만족하는 x의 범위를 구하여라.

풀이 $-1 \le |x| < 3$

문제 4 $0 < x < 1$을 만족하는 x의 범위에서 $3x - [2x] - 1 = 0$을 만족하는 x의 값을 모두 구하여라.

풀이 $x = \frac{1}{3}, \frac{2}{3}$

가우스 기호와 같이 주어진 수보다 크지 않는 최대의 정수를 다루는 경우도 있지만, 이와는 반대로 주어진 수보다 작지 않는

최소의 정수를 다루는 경우도 있을 수 있으므로, 이들을 나타낼 때는 각각 기호 $\lfloor\ \rfloor$ 와 $\lceil\ \rceil$ 로 구별하여 사용하기도 한다. 예로, 이들 기호는 다음을 나타낸다.

$$\lfloor 3.14 \rfloor = 3,\ \lfloor -3.14 \rfloor = -4,$$

$$\lceil 3.14 \rceil = 4,\ \lceil -3.14 \rceil = -3$$

이들 두 기호의 모양이 서로 반대이기 때문에, $y = \lfloor x \rfloor$ 와 $y = \lceil x \rceil$ 를 각각 **바닥함수**floor function와 **천장함수**ceiling function라는 흥미로운 이름으로 붙이기도 한다.

다음은 **가우스 함수**Gaussian function 또는 **최대정수함수**greatest integer function $y = [x]$ 의 그래프이다. 이는 연속함수가 되지 않는 전형적인 한 예이다.

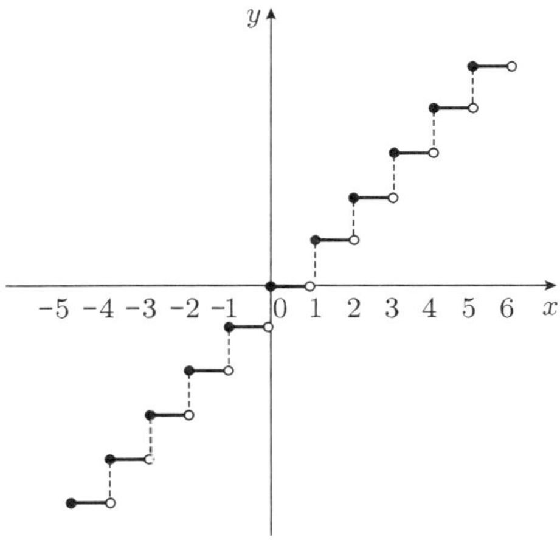

열세 번째 이야기

쾨니히스베르크 다리와 한붓그리기

과거 동프로이센에는 쾨니히스베르크라는 도시가 있었다. 제2차 세계대전 때, 이 도시에서 독일군은 소련군에 대항하여 완강히 저항하였으나, 1945년 4월 9일에 소련군에게 함락되고 말았다. 그 이후, 1945년 7월 포츠담 회담의 결과로 이 도시는 구소련의 영토가 되었고, 이름도 칼리닌그라드로 바뀌었다. 이 칼리닌그라드에는 프레겔 강이 흐르며 그 강에는 다음 쪽 그림과 같이 7개의 다리가 놓여 있었는데, 각 다리를 단 한 번만 건너서 모든 다리를 산책할 수 있을까 하는 것이 그곳 시민들의 관심사였다.

위대한 천재는 보통 사람들이 보기에는 대수롭지 않는 일에서 불멸의 진리를 발견한다. 사과가 떨어지는 것을 보고 만유인력을 발견한 뉴턴, 목욕탕 물이 넘치는 것에서 비중의 원리를 발견한

아르키메데스, 고층 빌딩에서 실족해서 떨어지는 사람을 보고 상대성 원리를 발견한 아인슈타인 등은 우리가 흔히 볼 수 있는 평범한 사건에서 위대한 진리를 발견하였다. 18세기 스위스의 수학자 오일러 역시 쾨니히스베르크 다리 건너기 문제에서 위상수학이라는 새로운 분야의 수학을 개척하였다. 결과적으로 하나의 다리를 한 번만 지나 7개의 다리를 모두 건넌다는 것은 한붓그리기 문제와 동일하다.

한붓그리기는 선분 또는 곡선들을 이어서 만든 도형에서 도형을 이루는 선 위의 한 점을 출발하여 연필을 종이에서 떼지 않고 도형 전체를 한꺼번에 그릴 수 있겠느냐 하는 문제이다. 여기서, 연필이 한 번 지나간 부분(하나의 점만 지나는 것은 허용)은 다시 지날 수 없다는 조건이 전제된다. 오일러는 쾨니히스베르크 다리 건너기 문제에서 힌트를 얻어 한붓그리기의 가능과 불가능에 대해 연구하였다. 그는 홀수점과 짝수점의 개념을 정의하고 한붓그리기가 가능한 도형을 설명하였다. 즉, 한 점에 모이는 선의 수가 홀수개인 홀수점이 없거나 홀수점이 2개인 경우에만 한붓그리기가 가능하다는 것을 보였다. 왜냐하면, 한붓그리기에서 홀수점은 선의 시작과 끝이고 짝수점은 지나는 선이다. 그래서 홀수점이 없다면 시작과 끝이 없어 어디에서 시작해도 원래 위치로 돌아오면서 한붓그리기가 가능하다. 그리고 홀수점이 두 개이면 한 홀수점에서 시작해서 다른 홀수점으로 끝나는 방법이 있으므로, 이 역시 한붓그리기를 할 수 있다.

다음 그림들에서 홀수점의 개수를 알아보고 한붓그리기가 가능한 것은 어느 것인지 찾아보아라.

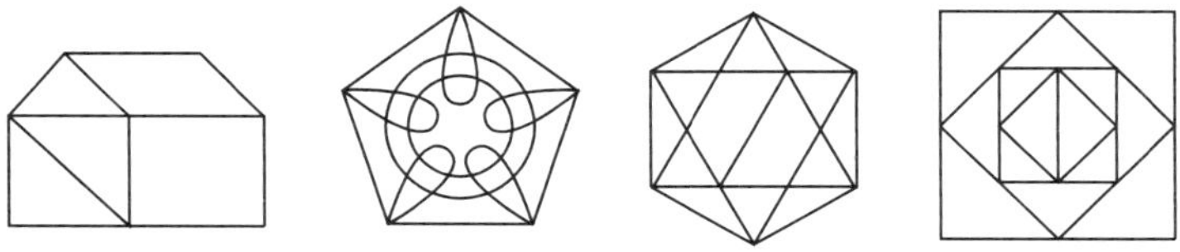

이제, 우리 스스로 쾨니히스베르크 다리 건너기 문제를 해결해 보자. 쾨니히스베르크에는 다음 그림과 같이 강이 흐르고, 이 강에 의해 도시는 A, B, C, D의 네 지역으로 구분되어 있다.

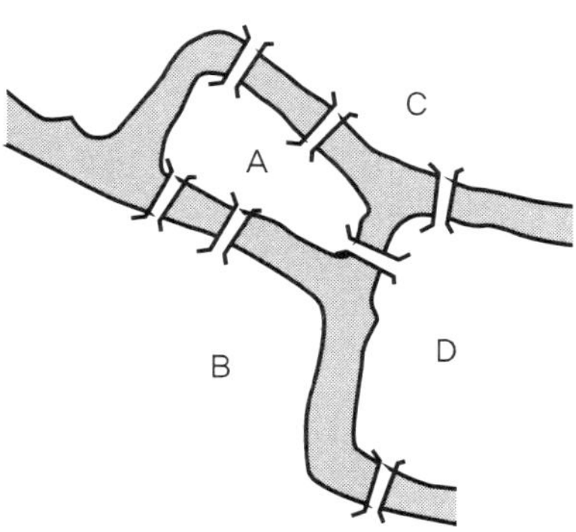

이 다리를 어느 것도 두 번 건너지 않고 계속해서 전부를 다 건널

수 있겠는가? 쾨니히스베르크 다리는 다음 그림과 같이 한붓그리기 문제로 옮길 수 있다.

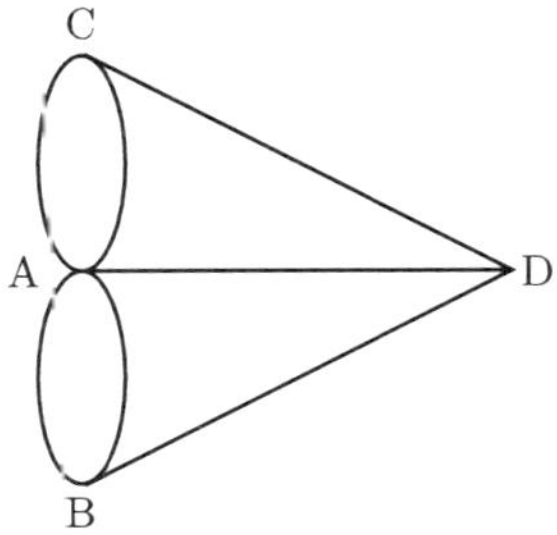

그림에서 A, B, C, D 각 지역에 설치된 다리 개수를 세어보면 5, 3, 3, 3개로 홀수점이 4개 있으므로, 한붓그리기는 불가능하다. 만약에 모든 다리를 건너서 원래 위치로 돌아오려면 A와 B 또는 C와 D를 연결하는 새로운 다리를 건설하여야 한다.

한붓그리기에 대해서 좀더 자세히 알아보기로 하자.

한붓그리기는 일상생활에서도 숫자 8을 쓰거나 ☆을 그릴 때 등 그 사례들을 찾아볼 수 있다. 또한, 깊은 산 속에서 시작되는 작은 계곡의 물이 임의의 방향으로 흘러나갈 수 없다는 가정 하에, 계곡 물이 흘러 강을 이루고 바다에 이르는 길은 아무리 구불구불해도 물길을 따라 한 길로만 흘러가므로 한붓그리기와 같은 이치라 할 수 있다.

한붓그리기와 관련하여 오일러 경로, 오일러 회로, 해밀턴 경로 및 해밀턴 회로 등의 용어들이 있다. 해밀턴 경로와 회로에 대해서는 서른 번째 이야기인 4색 문제와 외판원 문제에서 좀더 상세히 다룰 것이다.

그래프 이론에서 **오일러 경로**Euler path는 주어진 그래프의 모든 변을 단 한 번씩만 통과하는 경로를 뜻한다. 이는 1736년, 오일러가 쾨니히스베르크 다리 문제를 풀이한 것에서 유래되었으며, 한붓그리기 문제라고도 한다. 그 중에서 시작하는 점과 끝나는 점이 같은 경로를 **오일러 회로**Euler circuit라고 한다. 앞에서 살펴본 바와 같이, 쾨니히스베르크 다리를 나타내는 그래프는 오일러 회로를 가지고 있지 않다. 오일러는 그래프가 오일러 회로를 가질 필요충분조건은

모든 꼭짓점의 차수(즉, 각 꼭짓점에 모이는 선의 수)가 짝수인 연결 그래프

이어야 함을 알아내었다. 그리고 오일러 회로가 아닌 오일러 경로(즉, 시작 꼭짓점과 끝 꼭짓점이 다른 경로)가 있을 필요충분조건은

단지 두 개의 꼭짓점만이 홀수 차수를 가지는 연결 그래프

임을 보였다. 그 이유는 홀수점이 2개인 그래프는 한 홀수점에서 출발하여 다른 홀수점이 종착점이 되도록 그릴 수 있기 때문이다.

다음 도형들은 한붓그리기가 가능한지 그림의 힌트를 보고 그려보아라.

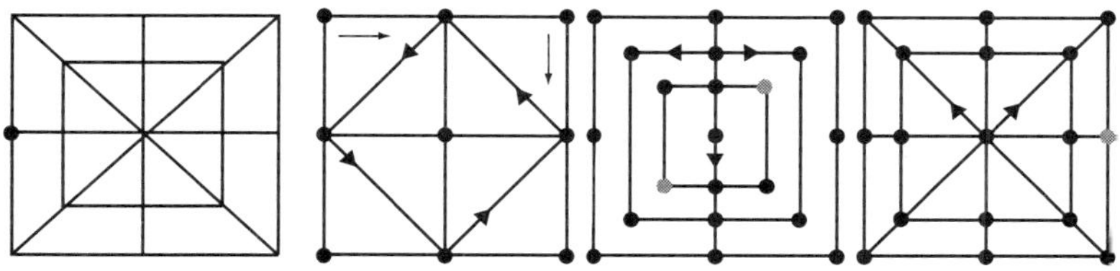

열네 번째 이야기

수학의 허점을 지적한 역설

역설을 의미하는 영어 **패러독스**paradox는 para넘어서와 dox진술라는 어원을 가지고 있다. 표면적으로는 모순되는 것 같지만, 그 진술 너머에서 진실을 드러내는 수사기법이다. 이처럼 표현된 것과 은폐하고 있는 표현의 구조가 반어와 유사하므로, 역설을 반어의 한 종류로 보기도 한다. 예로서, '지는 것이 이기는 것'이라든지, '바쁘거든 돌아가라' 등이 이에 속한다. 거짓말쟁이의 역설로는 신약성서 디도서 1장 12절에

> 그레데인 중에 어떤 선지자가 말하되, "그레데인들은 항상 거짓말쟁이며 악한 짐승이며 배만 위하는 게으름쟁이라" 하니

라는 성경말씀이 있다. 선지자 자기 자신도 그레데인이므로, 이 경우 그레데인은 항상 거짓말쟁이라는 말을 긍정하거나 부정하는

어떤 경우도 모순되어 역설이다.

그리스 철학자 제논은 당시 반박하기 어려운 역설들로 많은 사람들을 당황하게 만들었다고 한다. 그는 역설 때문에 왕에게 미움을 받아 처형을 받게 되었는데, 그는 형장에서조차 마지막으로 왕에게 직접 전해야 할 중대한 비밀이 있다며 왕에게 다가가 왕의 귀를 물어뜯었다고 한다. 이때, 왕을 호위하고 있던 병사의 칼에 목이 잘려진 뒤에도 그의 입은 왕의 귀를 물고 있었다는 전설이 남아 있을 정도로 그는 아주 집념이 강한 사람이었다.

제논의 역설 가운데 가장 유명한 것이 '아킬레스와 거북이의 달리기 경주'이다. 만약 여러분들이 거북이와 100미터 달리기를 한다면 어떻게 될까?

기원전 460년경 그리스 철학자 제논은 만약 거북이가 먼저 출발한다면 누구도 거북이를 이길 수 없다고 주장하였다. 그리스 신화에 등장하는 달리기 선수 아킬레스와 거북이가 달리기 시합을 한다고 하자.

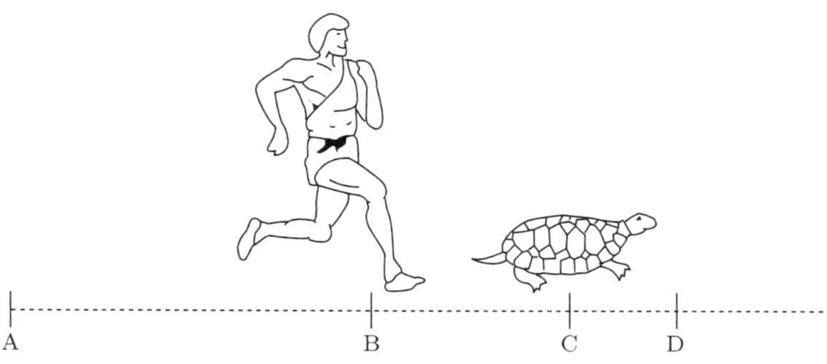

위의 그림에서와 같이 출발 지점을 A라고 하고, 거북이가 B에 도

착하였을 때, 아킬레스가 출발한다고 가정하자. 아킬레스가 거북이를 잡으려면 B까지 달려와야 하는데, 아킬레스가 B까지 달려올 동안 거북이는 이미 C까지 가게 될 것이고, 또 아킬레스가 C까지 달려오면 거북이는 D를 지나가게 될 것이라는 것이다. 이런 식으로 계속 달리다 보면 아킬레스는 거북이를 앞지르기 위해서 거북이가 앞서 있던 곳까지 뛰어야 하고, 그동안 거북이는 조금이라도 앞으로 더 나아가게 된다. 따라서 이렇게 무한히 계속되는 구간을 통과하는 데 약간의 시간은 걸리므로, 결국 아킬레스가 거북이를 앞지르기 위해서는 무한히 많은 시간이 걸린다는 것이다. 다시 말하면, 아킬레스는 먼저 출발한 거북이를 앞지를 수 없다.

아킬레스와 거북이를 A에 세워두고 이 문제를 처음부터 다시 생각해보자. 아킬레스와 거북이가 달리기 경주를 하면, 거북이가 먼저 출발하더라도 어느 순간에는 분명히 아킬레스가 거북이를 앞지르게 될 것이다. 그런데 이론적으로 결코 앞지를 수 없다는 주장에 대한 문제점은 무엇일까?

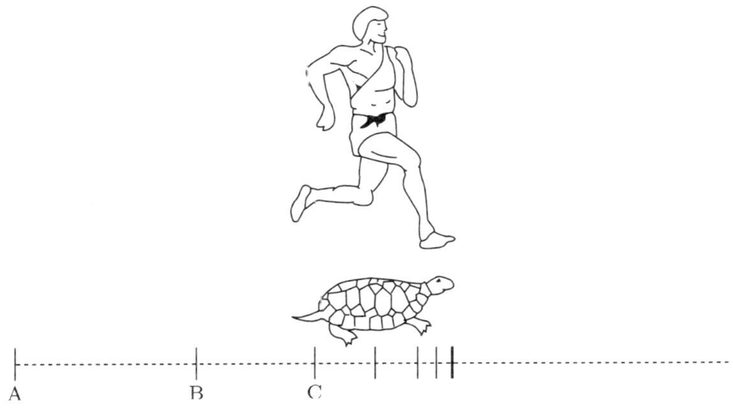

아킬레스가 A에서 뛰기 시작할 때, 거북이는 이미 B를 지나고 있고 다시 아킬레스가 B까지 달려오는 동안 거북이는 C까지 달리게 된다. 앞에서는 이와 같이 아킬레스와 거북이의 사이를 계속적으로 구간으로 나누어 아킬레스가 따라가는 것으로 생각하였다. 결국 문제점은 끝없는 구간을 따라가야 한다는 설정에 있다. 실제, 아킬레스는 끝없는 구간을 따라가는 것이 아니라 어느 순간 거북이를 획 지나치게 된다.

다음으로, 제논의 이분법의 역설에 대해 살펴보자.

이분법의 역설은 움직이고 있는 물체는 결코 종착점에 도달하지 못한다는 것이다. 그 이유는 움직이는 물체는 종착점에 도달하기 이전에 반드시 경주로에 있는 중간 지점을 모두 통과하여야 하는데, 중간 지점이 무한히 많기 때문에 움직이는 물체는 유한한 시간 안에는 종착점에 결코 도달하지 못하기 때문이라는 것이다. 달리 말하면, 운동은 존재할 수 없다는 것이다. 왜냐하면, 다음 그림에서와 같이 도착점에 도달하려면 중간 지점을 통과해야 되고 중간 지점에 도달하기 전에 4분의 1 지점을 반드시 통과해야 하고, 그 4분의 1 지점을 통과하기 전에는 8분의 1 지점을 통과하여야 하는데, 결국에는 출발조차도 할 수가 없다는 것이다.

제논의 화살에 대한 역설은 움직이는 물체라 하더라도 실제로는 정지하고 있음을 증명하려는 시도이다. 시간은 최소의 단위인 순간으로 구성되어 있는데, 쏘아진 화살은 움직이든지, 아니면 멈춰 있든지 둘 중 하나이다. 만일 화살이 움직인다면 화살은 어느 순간의 시작점인 동시에 어느 순간의 끝점의 위치에 놓여야만 한다. 이는 순간을 분할할 수 있다는 것이 되므로, 화살은 항상 정지해 있어야 한다는 것이다.

제논의 이러한 역설들은 시간과 공간을 무한히 나눌 수 있고, 움직임은 불연속의 조합이라고 믿었던 당시의 철학자들에게 파문을 던졌다. 제논의 역설에서 완전히 해방되기까지는 2000년이 넘게 걸렸다. 아리스토텔레스가 궤변으로 낙인찍어버린 이후로 어느 정도 사장되었던 제논의 역설은 1800년대 칸토어의 무한론으로 극복되었다. 그럼 아킬레스는 어떻게 그 무한의 공간을 통과하고 거북이를 앞지를 수 있을까?

19세기 말 수렴의 개념이 생기기 이전에는

$$\lim_{n\to\infty}\left(\frac{1}{2}\right)^n = 0$$

이라는 것은 이상한 궤변이었을 뿐이었다. 칸토어의 무한론에 따르면, 자연수와 유리수의 양은 같은 크기의 무한이지만, 자연수와 실수의 무한은 그 양이 서로 다르다. 즉, 실수는 자연수보다 훨씬 큰 무한을 나타낸다. 결과적으로, 시간을 실수의 무한으로 등분한다는 것과 자연수의 므한으로 나누는 것은 다를 수밖에 없다. 여기에 등장한 수렴의 개념에서 양수의 무한합은 무한이라는

예상을 깨고

$$\frac{1}{2}+\frac{1}{4}+\frac{1}{8}+\cdots=1$$

의 값을 얻는다. 이는 무한등비급수의 합으로 구할 수 있지만, 직선의 길이와 도형의 넓이를 이용한, 다음 두 유형의 그림을 통해 그 이유를 쉽게 이해할 수 있을 것이다. 결국, 제논의 역설은 무한이라는 새로운 개념으로 미궁에서 빠져나올 수 있었다.

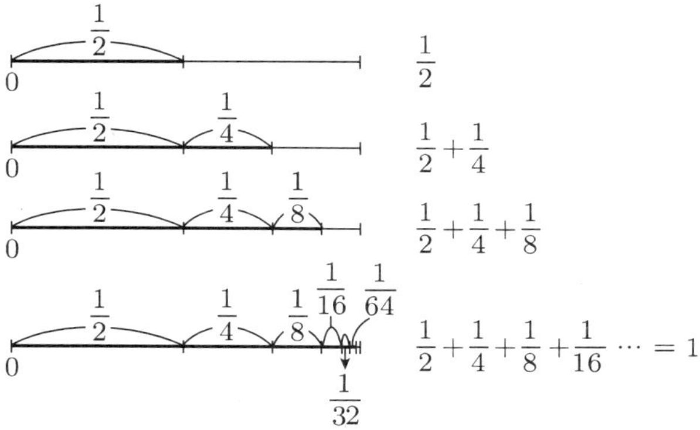

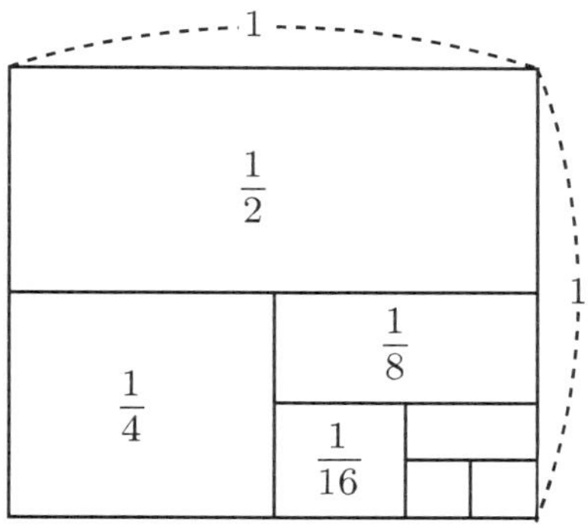

이제부터는 러셀의 논리적 역설에 대해 알아보자. **러셀의 역설**은 모든 집합의 집합은 존재하지 않음을 보여준다.

모든 집합을 자기 자신을 원소로 하는 것과 원소로 하지 않는 것의 두 종류로 구분할 때, 후자의 종류를 또 하나의 집합으로 보아 둘 중 어느 부류에 넣어야 할 것인가를 생각할 때 발생하는 문제이다. 이는 순수한 논리학적 언어로 표현되는 역설로, 이후의 논리학 및 수학 기초론의 전개에 결정적인 영향을 주었다.

자기 자신을 원소로 갖지 않는 집합들 전체의 집합을 N이라 하자. 즉

$$N = \{ A \mid A \notin A,\ A\text{는 집합} \}$$

이라 두면, 이때 집합 N은 N의 원소일까? 또는 아닐까? 여기서, N이 N의 원소가 아니면 N의 정의에 의해서 N의 원소가 되고, 만약 N이 N의 원소이면 정의에 의해 N의 원소가 아니므로, 두 경우 모두 모순이다.

집합의 기호를 사용하지 않고 러셀의 역설을 좀더 쉽게 이해할 수 있도록 그의 저서 《수리철학 입문》에 소개된 '마을 이발사의 역설'을 살펴보자.

어느 마을에 한 이발사가 있는데, 이 이발사는 스스로 면도하지 않는 사람은 모두 면도해준다고 한다. 그러면 이 이발사는 자기 스스로 면도하는가? 만일 이발사 스스로 면도를 한다면 자신의 주장에 의해 이발사가 면도해주는 대상에서 제외되어 자기가 면도해줄 수 없고, 반대로 자신이 스스로 면도하지 않는다면 자신이 면도해주어야 하는데, 이 경우는 둘 다 모순이다.

이제, 다른 예를 들어보자.

옛날에 한 뛰어난 수학자가 있었는데, 왕의 명성보다 더 훌륭한 평판을 받고 있는 이 수학자를 시기한 왕은 그를 죽이기 위해 잡아들여 다음과 같이 말하였다.

"만약 그대가 지금 이 자리에서 한 말이 사실이면 그대를 살려줄 것이고, 그렇지 않으면 죽일 것이다. 자 이제, 사실을 말하여라." 물론 왕은 어떠한 말이라도 거짓이라고 하여 수학자를 죽이려고 생각하고 있었다. 이때 왕의 마음을 알아차린 수학자는 다음과 같이 말하여 위기를 면했다고 한다.

"왕께서는 저를 죽이실 것입니다."

이 한마디로 왕은 난처한 입장에 빠지게 되었다. 왜냐하면, 수학자의 말을 거짓이라고 하면 그를 살려주어야 하고, 그의 말이 사실이라고 하면 죽여야 하는데, 이 경우 모두 왕이 수학자에게 한 말과는 위배되므로 왕은 그 수학자를 죽이지도 살리지도 못하는 처지가 된 것이다.

마지막으로, 심슨의 역설에 대해 알아보자. **심슨의 역설**은 변수를 제대로 관리하지 못하여 실제 관계와 상반된 관계가 나타나는 현상을 말한다. 예를 들어, 어느 대학교 입시에서 남자는 1,000명이 지원해 700명이 합격하여 70퍼센트의 합격률을 보였고, 여자는 100명이 지원하여 68명이 합격하였다고 하자. 남녀의 학력차가 없다고 가정할 때, 이 결과만 보면 여자가 차별을 받은 것으로 보인다. 이를 계열별로 구분하면 남자는 이공계열에 990명이 지원하여 694명이 합격하여 70퍼센트가 합격하였고, 여자는 5명이 지원하여 4명 합격하여 80퍼센트의 합격률을 보였다고 한다. 또한, 어문계열에는 남자가 10명 지원하여 6명이 합격하여 60퍼센트의 합격률을 보인 반면, 여자는 95명이 지원하여 84명이 합격해 67.4퍼센트의 합격률을 보였다면, 오히려 남자가 차별을 당한 꼴이 된다. 적정주가를 분석할 때도 이런 잘못을 저지르는 경우가 적지 않다. 원유 가격 상승이나 원-달러 환율 하락이 개별 기업의 수익성에 미치는 영향이 모두 다름에도 불구하고, 전체 효과만을 분석할 때가 그런 예에 속한다.

러셀은 수학은 진실을 갖고 있을 뿐만 아니라 최상의 아름다움도 지니고 있는데, 그것은 조각품이 갖고 있는 것과 같은 냉철하고 엄격한 아름다움이라고 하였다. 해석학의 연구를 위해 시작된 집합론은 처음에는 무한 개념에 익숙하지 못했던 수학자들로부터 외면당하였으나 점차 집합론의 중요성이 인식되면서 수학의 각 영역에서 중요한 위치를 차지하게 되었으며, 또한 여러 역설들이 발견되기도 하였다. 이러한 역설을 통해 수학자들은 역설에서 나타나는 모순의 원인과 내용을 연구하였으며, 적당한 형식주의를 도입함으로써 역설에서 탈피하여 현대수학의 획기적 발전을 가져오는 계기가 되었다.

열다섯 번째 이야기

노벨상과 필즈상

세계에서 가장 권위 있는 상을 말하라면 대개 노벨상을 꼽을 것이다. 노벨상은 스웨덴 출신의 화학자이면서 다이너마이트를 발명한 알프레드 노벨A. Nobel, 1833~1896의 유언에 따라 만들어진 상이다. 노벨은 인도주의자이고 이상주의자였음에도 불구하고, 파괴적인 다이너마이트의 발명으로 생전의 그에 대한 평가는 좋지만은 않았다. 그래서 그는 서운한 심정과 평화를 바라는 뜻에서 노벨상 제정을 유서로 남겼으며, 그 기금으로 그의 전 재산 3,100만 크로나를 남기고 1896년에 사망하였다. 그의 유서에는

① 후보자의 국적은 전혀 고려하지 말 것

② 인류의 복지에 가장 구체적으로 공헌한 사람에게 줄 것

등의 노벨상에 대한 세부사항을 정해두었는데, 그 내용은 현재에 이르기까지 변경되지 않았다. 노벨상은 1901년부터 매년 물리학, 화학, 생리·의학, 문학, 평화의 5개 분야에 대하여 수여되었다. 노벨 경제학상은 노벨의 유언에는 언급되지 않은 분야로 스웨덴 중앙은행이 1968년 은행 설립 300주년 기념으로 경제학상을 제정하여 1969년부터 상을 수여하고 있다.

그런데 모든 학문의 기초가 되고, 자연과학의 모체가 되는 수학 분야가 노벨상에서 빠진 이유가 무엇일까?

전하는 말에 의하면, 노벨과 같은 시대에 유명한 스웨덴의 수학자 레플러Leffler가 활동하고 있었는데, 이유를 정확히 알 수는 없지만(사랑과 관련된 일이라고도 함) 노벨과 레플러는 사이가 좋지 않았다고 한다. 이러한 이유로 레플러와 관계된 수학 분야는 노벨상에서 제외하였다는 이야기가 있다. 만약 그가 로비를 하여 노벨 수학상을 타게 되면 푸앵카레나 힐베르트와 같은 당대의 다른 수학자들이 이의를 제기하여 노벨상의 권위가 떨어지는 것을 우려한 나머지 노벨 수학상 자체를 아예 제외하였다고 주장하기도 한다. 그러나 일설에 따르면 노벨이 레플러를 만났을 가능성은 거의 없다고 하며, 그는 평생을 독신으로 지냈다고 한다. 한편으로, 수학이 노벨상에서 제외된 것은 단순히 수학에 대한 노벨의 관심 부족 때문이라는 주장도 있다. 노벨은 유언에서 수상 대상자를 인류 복지에 가장 구체적으로 공헌한 사람으로 명시하였는데, 그는 수학을 실용성이 없는 학문 분야로 생각하였을 가능성도 있다는 것이다. 아니면, 당시에는 수학자 겸 물리학자가 많았으므로, 수학과 물리학의 분간이 잘 되지 않았거나, 설령 경계가 있었다 하더라도 비전문가인 노벨이 보기에는 그 차이를 제대로 이해하지 못하였을 수도 있었을 것이다. 그러나 노벨의 마음속에 있는 진실을 누가 알겠는가?

노벨상은 반드시 문서에 의한 추천에 기초하여 후보자를 선정한다. 매년 9월에 노벨상 수여 기관들은 한 부문당 약 1,000명씩, 전체 6,000여 명에게 후보자 추천을 요청하는 안내장을 보낸다. 추천장은 이전까지의 노벨상 수상자, 저명한 학자, 그 밖의 관계자들에게 극비에 보내지고 최종 선정은 비밀회의에서 신중한 검토와 조사로 이루어진다. 물리학상, 화학상 및 경제학상은 스웨덴 왕립과학아카데미, 생리 및 의학상은 스톡홀름의 카롤린의학연구소, 문학상은 스웨덴·프랑스·에스파냐의 아카데미, 평화상은 노르웨이 국회가 선출한 5인 위원회가 그 심사를 담당한다. 이와 같이 수상자가 결정되면 수상식 약 1개월 전에 전보로 통지된다. 수상식은 스웨덴 스톡홀름의 콘서트홀에서 매년 12월 10일 오후 4시 30분 노벨이 작고한 날과 같은 시각에 거행된다. 그러나 노벨 평화상은 같은 날 노르웨이의 수도 오슬로에서 거행된다. 상장 디자인은 수상자마다 다르나, 메달의 표면은 동일하며 13캐럿의 금으로 노벨의 프로필이 부각되어 있다. 노벨상 일가로 일컬어지는 퀴리 부부가 물리학상(1903), 퀴리 부인이 화학상(1911), 딸 조리오 퀴리 부부가 화학상(1935)을 수상하였다. 부자가 동시에 수상한 것은 1915년 물리학상의 헨리 브랙과 로렌스 브랙인데, 이들의 상장 디자인도 같다고 한다. 경제학상을 제외한 분야별 선정기준은 다음과 같다.

① 물리학: 가장 중요한 발견 또는 발명을 한 사람
② 생리 및 의학: 가장 중요한 발견을 한 사람

③ 화학: 가장 중요한 발견 또는 개선을 한 사람
④ 문학: 이상주의적 경향의 가장 위대한 작품을 쓴 사람
⑤ 평화: 국가 간의 우애를 돈독히 하거나, 상비군을 폐지·축소하거나 평화회담을 개최하고 주장하는 데 가장 큰 공을 세운 사람

그리고 일반 자격은

① 평화상을 제외하고는 단체가 아닌 개인에게 수여하며, 수상 결정에 대해 번복을 요청할 수 없음
② 매년 하나의 상에 대한 수상 인원은 3명으로 제한하며, 한 부문의 수상자가 2명 이상일 때에는 상금은 나누어 지급
③ 죽은 사람은 아무리 훌륭한 업적을 남겼더라도 수상 후보자로 지명하지 않는 것이 원칙이나, 이미 수상자로 지명된 경우에는 죽은 다음에도 수상 가능

등이 있다. 이외에도 수상자가 없으면 다음 해까지 수상이 미뤄지는 경우도 있는데 그때까지도 수상자가 없으면 상금은 기금으로 환수된다. 따라서 같은 부문에서 지난해에 연기된 상과 그 해의 상을 함께 수여하는 경우도 있었다. 지정된 날짜 이전에 수상을 사양하거나 거부할 경우에 상금은 기금으로 환수되지만, 일단 수상자로 결정된 사람은 '수상 거부'라는 언급과 함께 노벨 수상자 명단에는 기재된다고 한다.

노벨상 수상이 거부된 경우도 있었는데, 대개는 외부의 압력에 의한 것이었다. 예컨대, 1937년 히틀러는 포고령을 내려 독일인

이 노벨상을 받지 못하도록 하였다. 그 이유는 1935년 오시에츠키가 받은 평화상을 나치 정권에 대한 공공연한 모욕으로 받아들였기 때문이었다. 1901년 이후 노벨상 역사에서 노벨상을 거부한 사람은 소련의 파스테르나크(1958, 문학상), 프랑스의 사르트르(1964, 문학상), 베트남의 레독토(1973, 평화상) 등이 있다. 한때 수상을 거부했던 사람이라도 언제든 자신의 처지를 설명한 뒤 수상을 신청하면 메달과 상장을 받을 수는 있으나, 상금은 기금으로 환수된 뒤이므로 받지 못한다.

캐나다 수학자 필즈Fields, 1863~1932는 토론토 대학의 수학교수로 일생을 마쳤는데, 필즈는 수학 분야에서도 노벨상에 상응하는 상을 제정하겠다는 것이 그의 염원이었다. 그는 1880년에 17세의 나이로 토론토 대학을 졸업하고, 미국과 유럽에서 수학을 전공하고 고국에 돌아온 필즈는 30여 년간 모교인 토론토 대학에서 수학을 연구하면서 국내·외적으로 눈부신 활동을 하였다. 특히 제7회 토론토 국제수학자회의에서 제1차 세계대전의 패전국인 독일의 수학자를 제거하려는 국제수학 연합파와 독일 동정파와의 갈등이 심화되었을 때, 수학자 상호간의 갈등을 해소하고 이 회의를 무난하게 수행한 사람이 바로 필즈 교수였다. 1928년에 개최된 제8회 국제수학자회의에서 필즈 교수는 토론토 회의에서의 잉여금을 기금으로 수학 분야에 노벨상에 해당하는 상을 제정하기 위하여 자금 조달과 세계 수학자의 단합을 위해 노력하였다. 그 결과, 1932년 제9회 스위스 취리히에서 개최된 국제수학자회의에서 그의 제자들의 제안에 의해 만장일치로 수학 분야의 상이 채택되었다. 그러나 필즈 교수는 과로로 인해 회의가 개최되기 수주 전에 사망하였으며, 그의 전 재산을 이 필즈상의 기금으로 희사하였다.

필즈상은 노벨상보다 그 수상 자격이 매우 엄격하다. 그 기준은

① 수상자의 수상시 연령이 40세 미만
② 4년마다 수여

한다는 것이다. 이 규정에 따르면, 논문을 30대에 발표하여 40대에 인정을 받았다면, 그 사람은 수상 자격이 주어지지 않는다. 이러한 제한의 이유에 대해 수학자는 단명하기 때문이라느니, 젊을 때에만 유용한 수학적 결과를 얻을 수 있기 때문이라는 등의 여러 이야기가 있지만, 이 필즈상의 취지가 꼭 수학을 잘해서 주는 상이라기보다는 미래의 성과를 약속할 만한 사람에게 준다는 것이다. 아무튼 상금은 15,000달러로 많지는 않지만, 상당한 명예를 가지는 상이다. 필즈상의 금메달에 새겨진 인물상은 필즈가 아니라 고대 그리스 수학자 아르키메데스의 얼굴이다. 다음은 필즈 메달의 앞면과 뒷면을 나타낸 것이다.

필즈상은 4년에 한 번 수여한다는 의미에서 수학의 노벨상이라기보다는 수학 올림픽이라고 하는 것이 더 합당할지도 모르다.

제10회 국제수학자회의에서 수여된 첫 번째 필즈상은 1936년 핀란드의 알포스 교수와 미국의 더글라스 교수가 수상하였다. 재미있는 이야기로 페르마의 마지막 정리를 증명한 와일즈 교수가 최초로 증명을 발표한 것은 1993년이었다. 그런데 증명의 전개과정에서 약간의 오류가 있음이 지적되어 1994년에 필즈상을 수상하지 못했다. 완성된 증명을 내놓은 것은 1994년 국제수학자회의가 끝난 이후였는데, 1998년 회의 때는 40세가 넘었기 때문에 필즈상을 타지 못하고 대신 공로상을 받았다.

수학 분야에서 노벨상처럼 그 공로를 인정하는 다른 상에는 어떤 것이 있을까? 그 중에 가장 유명한 상이 노르웨이 학술원에서 수여하는 아벨상이다. 19세의 나이로 5차방정식의 일반해가 존재하지 않음을 증명한 노르웨이 수학자 아벨의 탄생 200주년을 기념하는 뜻에서 2002년 제정되었다. 여러 수학자 중에서 굳이 아벨을 택한 이유는 그 발음이 노벨과 비슷하다는 점이 작용하였다는 이야기도 있다. 이 상은 매년 순수 및 응용수학 분야의 심도 있고 영향력 있는 연구 성과에 대해 주어지고 있다. 제정 당시의 상금이 약 75만 유로이었으니까 수학 분야의 상금으로는 꽤 많은 셈이다. 2003년에 거행된 제1회 아벨상 수상자는 프랑스 수학자 세레Serre이었는데, 그는 1954년 28세의 나이로 필즈상을 수상하기도 하였다. 2012년에는 헝가리 출신 수학자로 미국 러트거스 대학에 재직하고 있는 세머레디 교수가 이산수학과 이론전산학 분야에 대한 연구업적으로 아벨상을 수상하였다. 그는 아벨상 수상으로 600만 노르웨이 크로네, 한화로 약 12억의 상금을 받았다.

열여섯 번째 이야기

덤으로 하는 수학 이야기

여기서는 수학과 관련된 몇 가지 재미있는 이야기들을 모아보았다.

기하학에는 왕도가 없다

기원전 4세기경 유클리드는 피타고라스, 플라톤, 히포크라테스 등이 연구한 여러 가지 자료를 정선하고 거기에 자신의 생각을 보태어 13권으로 이루어진 《원론Elements》을 저술하였다. 이 책은 1482년에 초판이 인쇄된 이후, 지금까지 1천판이 넘도록 인쇄되었으며 2000년 이상 기하 교육의 지침서로 자리잡고 있다. 옛날에는 유클리드의 저서 이외에는 수학 교과서가 없었으므로 유클리드를 사람의 이름이 아니라 책의 이름으로, 또는 기하학 그 자체로 착각하는 사람도 있었다. 641년 사라센의 오마루 장군이 그리스를 침공하였을 때, 학도들은 도서관을 지키기 위해 장군에게

도서관 보전을 애원하였으나, 그는 이를 무시하고 6개월의 긴 시간에 걸쳐 도서관의 책들을 모두 불태워 버렸다고 한다. 이러한 탓으로 유클리드의 그리스어 원본은 아쉽게도 전해지지 않으며, 테온이라는 사람이 쓴 교정본의 복사본만 전해지고 있다.

이집트인이나 바빌로니아인들이 기하학의 지식을 토지 측량이나 토목 공사 등 국가의 절실한 현실적 문제를 해결하는 도구로 사용한 반면, 노예 제도 덕분에 아무 걱정거리 없이 지낼 수 있었던 그리스인들은 명상을 즐기며, 현실 문제에서 벗어나 관념의 세계에서 '이데아'에 접근하기 위한 이성을 다듬는 도구로서 수학을 취급하였다. 유클리드는 당시 이집트 왕인 프톨레마이오스 1세의 요구로 강의를 하기도 하였는데, 왕은 그의 강의를 들으면서 기하학의 내용이 너무 방대하고 어려워

"기하학을 익힐 수 있는 빠른 방법이 없는가?"

라고 하자, 유클리드는

"기하학에는 왕도가 없습니다."

라고 답하였다는 이야기가 있다. 이는 학문의 권위를 말하는 것으로서, 자연과학과 같이 엄밀한 이론만이 통하는 세계에서는 아무리 위대한 세속적 권력을 가진 사람이라 하더라도 특별하게 더 쉽게 또는 빨리 배울 수 있는 방법은 없다는 것이다.

디오판토스의 묘비

디오판토스Diophantos, 246?~330?는 유클리드의 《원론Elements》만큼이나 정수론 분야에서 중요한 《산학Arithmetica》을 저술한 알렉산드리아의 수학자로, 그는 대수학의 아버지 또는 정수론의 아버지라고 불린다. 그의 주요 저서인 《산학》은 대수적 수론을 해석적 논법으로 저술한 책으로, 13권 중에서 6권은 현재까지 전해지고 있다. 이 6권의 책에는 약 130여 개의 다양한 문제 풀이를 다루고 있는데, 주로 일차 또는 이차방정식과 관계된 것이다. 제I권은 미지수가 하나인 정방정식에 관한 문제를 다루고 있고, 나머지 책에서는 두 개 또는 세 개의 미지수를 갖는 이차 이상의 고차 부정방정식에 관한 문제를 다루고 있다. 그러나 놀라운 것은 이들은 일반적 해법으로 풀리는 것이 아니라 각 문제마다 특별한 방법으로 해를 구하고 있다는 사실이다. 디오판토스는 단지 양의 유리해만을 인정하고 대부분의 경우에 하나의 답만으로 만족하였다.

《산학》은 아라비아어로 번역되어 그곳 학자에게 많은 영향을 끼쳤으며, 이후에는 라틴어로 번역되어 중세 말기에 유럽으로 전파되어 대수학 발달에 공헌하였다. 디오판토스는 미지수를 삼각형(△)으로 나타내어 숫자 대신 문자를 처음으로 사용하였다. 디오판토스 이전에는 연산과 논리, 그리고 해를 포함한 모든 대수학 문제를 기호 없이 표현하였으나, 그는 그리스 대수학에 최초로 기호를 사용하였으며, 하나 이상의 미지항이 있는 문제에서는 가능하면 그들 가운데 하나로 모든 미지항들을 표현하여 혼동을 피하고자 하였다. 실제로, 대수라는 말은 숫자를 대신한다는 뜻이다.

정수론에 관한 디오판토스의 업적은 그가 남긴 책에 의하여 잘 알려져 있지만 수학 이외에 그에 대해서 알고 있은 것은 거의 없다. 산술 풍자시의 해설집인 《그리스 시집》에는 다음과 같은 디오판토스의 묘비명이 실려 있는데, 이것으로서 그의 인생 역정을 알 수 있을 뿐이다.

지나가는 나그네여
이 비석 밑에는 디오판토스가 잠들어 있소.
그의 생애를 수로 말하겠소.
생애의 1/6은 소년이었고
그 후 1/12이 지나서 수염이 나기 시작하였고
또 다시 1/7이 지나 결혼하였소.
결혼을 하고 5년 후에 아들을 낳았는데
그 아들은 아버지 생애의 1/2만큼 살다 죽었으며
아들이 죽고 난 4년 후에
디오판토스는 일생을 마쳤소.

이 묘비의 해답을 구하기 위하여 디오판토스의 나이를 x로 두고 묘비에 있는 순서대로 식을 세우면, 다음 방정식을 얻는다.

$$\frac{x}{6} + \frac{x}{12} + \frac{x}{7} + 5 + \frac{x}{2} + 4 = x$$

이를 풀이하면 x의 값은 84이므로, 디오판토스는 84세에 사망한 것이 된다.

디오판토스는 수학을 문자나 기호로 나타낸 최초의 사람으로 여겨진다. 그는 다항식 표현에서 양항을 음항보다 먼저 썼으며, 문자를 계수보다 앞에 나타내었다. 예로서, 오늘날 우리가 사용

하는 방정식

$$x^3 - 5x^2 + 8x - 1 = 3x^2$$

을 디오판토스는

$$x^3 1 x 8 - x^2 5 x^0 1 = x^2 3$$

으로 표현하였다.

▌페르마의 마지막 정리

수학을 "무엇은 무엇이다"라고 배우기 때문에 수학이 이미 완성된 것으로 생각할지도 모른다. 그러나 수학은 계속 만들어지고 있다. 즉, 수학에 대한 미해결 문제를 해결하고 새로운 관계와 성질을 발견함으로써 새로운 이론이 창조되어 나간다.

프랑스의 수학자 페르마는 대수학의 아버지라고 불리는 디오판토스가 저술한 《산학》을 읽으면서 책의 여백에 여러 가지 기록을 남겼는데, 그 중에는 우리가 흔히 '페르마의 마지막 정리'라고 하는 다음 내용을 적어 놓았다.

> **n이 2보다 큰 자연수일 때, $x^n + y^n = z^n$을 만족하는 자연수 x, y, z는 없다. 나는 이것에 대한 참으로 신기한 증명을 발견했지만, 그 증명을 여기에 적어넣기에는 책의 여백이 모자란다.**

페르마는 $n = 4$ 인 특별한 경우에 대한 증명만을 적어놓았는데, 100년이 지난 후 스위스의 수학자 오일러는 $n = 3$ 인 경우에 대하여 증명하였다. 1840년대, 쿰머는 지수 n이 100 이하의 소수(37, 59, 67은 제외)일 때에 관해 증명하였다. 쿰머의 이론으로 컴퓨터를 이용하여 페르마 정리를 상당히 큰 n에 대해서도 확인할 수 있게 되었다. 그러다가 1993년 6월, 영국에서 개최된 수론 학회에서 미국 프린스턴 대학의 수론학자인 와일즈 교수가 타원곡선의 이론을 이용하여 페르마의 마지막 정리에 대한 증명을 발표하였다. 발표에 참석한 전문가들은 와일즈의 뛰어난 증명법에 경의와 찬사를 보냈으나, 6인의 전문가들로 구성된 심사위원회는 200쪽이 넘는 와일즈의 논문을 꼼꼼히 검토하여 증명의 끝 부분에 약간의 논리적 비약이 있음을 발견하였다. 1993년 12월, 와일즈는 이 증명에 문제가 있음을 인정하고 도움을 구하는 내용을 인터넷에 올려 1994년 10월, 케임브리지 대학의 테일러 교수와의 공저로 비약된 부분을 증명함으로써 330년만에 페르마의 마지막 정리의 증명을 완성하게 되었다.

변수의 확장으로 페르마의 마지막 정리를 연구하던 오일러는 "$x^4 + y^4 + z^4 = w^4$을 만족하는 자연수 x, y, z, w는 존재하지 않는다."고 주장하였으나, 200년이 지난 후 컴퓨터의 발달로 다음의 반례가 주어졌다.

$$2682440^4 + 15365639^4 + 18796760^4 = 20615673^4$$

또한, $x^5 + y^5 + z^5 + w^5 = u^5$을 만족하는 자연수는 1967년에 발견되었다. 즉

$$27^5 + 84^5 + 110^5 + 133^5 = 144^5$$

이 성립함도 밝혀졌다.

은행의 예금 부풀리기

각 은행은 예금주의 예금 인출에 대비하여 약간의 지불 준비금을 가지고 있어야 한다. 만약 모든 예금주가 은행이 파산할 것을 우려하여 예금을 모두 현금으로 바꿔달라고 동시에 요구한다면, 은행은 결국 문을 닫아야 할 것이다. 그러나 특별한 경우가 없는 한, 각 은행은 예금주가 필요로 하는 만큼의 지불 준비금은 항상 확보하고 있다.

이제, 다음의 경우를 생각해보자.

어떤 신용은행에서 예금액의 20퍼센트는 현금으로 보유해야 하고, 나머지 80퍼센트는 대출이 가능하다고 가정하자. 갑수가 이 은행에 1,000만 원을 예금하여, 은행에서는 이 돈의 20퍼센트만 남겨두고 80퍼센트인 800만 원을 을수에게 빌려주었다. 그리고 을수는 대출받은 800만 원을 다시 은행에 입금하였고 은행에서는 800만 원의 20퍼센트만 남기고 병수에게 80퍼센트인 640만 원을 다시 빌려주었다. 갑수가 처음에 은행에 예금한 돈은 1,000만 원뿐이었으나, 갑수가 1,000만 원, 을수가 800만 원, 병수가 640만 원을 예금하거나 보유하고 있으므로, 이들은 모두 2,440만 원의 돈을 가지고 있다고 생각할 수 있다. 그러나 이것은 속임수에 불과하다. 이때, 은행은 실제로 충분한 지불 준비금을 보유하고 있는 것인가? 어쨌든 은행은 그들이 창출해낸 돈의 이자까지 벌어드리니 금융업은 꽤 괜찮은 사업인 셈이다.

앞에서 언급한 방식으로 계속하여 예금과 대출을 무한히 반복하면 어떻게 될까? 무한등비급수의 합에 따르면, 원금을 합한 대출 총액은 다음과 같다.

$$
\begin{aligned}
&1{,}000 + 1{,}000 \times 0.8 + 1{,}000 \times 0.8^2 + \cdots + 1{,}000 \times 0.8^n + \cdots \\
&= 1{,}000(1 + 0.8 + 0.8^2 + \cdots + 0.8^n + \cdots) \\
&= 1{,}000 \times \frac{1}{1-0.8} = 5{,}000(\text{만 원})
\end{aligned}
$$

즉, 원금을 합한 대출 총액은 원금의 5배에 해당하는 금액이 되는데, 이러한 5를 증가비율이라고 한다. 이는 은행이 남겨두어야 할 준비금 비율의 역수이다. 계산상으로 1,000만 원이 결과적으로 5,000만 원이 되는 셈이다. 우리는 적어도 이 은행이 1,000만 원으로 무제한의 액수를 만들 수 없다는 사실에 위로를 받는다. 물론 이것은 말장난이라고 할 수 있지만, 대출금은 결국 이자를 붙여서 갚아야 하는 돈임을 잊어서는 아니 된다.

자연수는 0부터인가? 1부터인가?

우리는 1부터 시작하여 1, 2, 3, …를 자연수라고 부른다. 그러면 자연수를 0부터 시작하면 어떤가? 물론 대학에서는 경우에 따라서 자연수를 0부터 취급하기도 한다.

연, 월, 일 등은 1부터 시작한다. 즉, 0년이라든가, 0월 또는 0일은 없다. 그러나 단위의 크기가 줄어든 시, 분, 초는 0부터 출발한다. 그래서 0시가 있고 0분, 0초도 있다. 2000년이 되었을 때, 새 밀레니엄이라 해서 부산하게 떠들던 기억이 있다. 그러면 새 천년과 21세기는 언제부터인가? 기원후의 시작이 1년 1월 1일 0시 0분 0초이므로, 새로운 두 번째 천년의 시작은 2001년 1월 1일 0시 0분 0초이고, 또한 21세기의 시작이다. 물론 단순히 새로운 천년을 2000년대의 시작으로 해석하여 2000년부터로 할 수도 있겠지만, 21세기는 분명 2001년 1월 1일 0시 0분 0초부터이다.

우리가 많이 살고 있는 아파트나 자주 드나드는 건물에 0층은 없다. 1층 현관에서 3층까지 올라가는 것과 지하 3층까지 내려가는 것은 엄연히 1개 층의 차이가 난다. 이는 대칭이 아니라는 측면에서 매우 수학적이지 못하다. 일부 국가에서는 건물의 현관을 0층이나 Gground층으로 표시하기도 한다. 이들은 우리보다 더 수학적이며, 대칭의 조화로움을 아는 사람들이라고 할 수 있을 것이다.

멱급수의 표현에서도 다음에서 보는 바와 같이 1보다는 0부터 시작하는 것이 좀더 자연스럽다. 즉

$$a_1 + a_2 x + a_3 x^2 + \cdots + a_{n+1} x^n + \cdots$$

보다는 다음과 같이 표현하는 것이 좀더 편리하고 유용하다.

$$a_0 + a_1 x + a_2 x^2 + \cdots + a_n x^n + \cdots = \sum_{k=0}^{\infty} a_k x^k$$

지구에서 달까지의 거리

달은 지구로부터 평균 384,400킬로미터의 거리에 떨어져 있다. 1장의 신문지로 지구에서 달까지 이를 수 있을까? 만약 신문지 1장의 두께가 0.1밀리미터라고 가정하면 이 신문지를 1번 접으면 0.2밀리미터가 된다. 2번 접으면 0.4밀리미터가 되고, 3번 접으면 0.8밀리미터가 된다. 이와 같이 43번을 접으면, 그 두께

는 지구에서 달까지의 거리를 넘어서게 된다. 1장의 신문지를 접어 지구와 달을 연결할 수 있다는 것은 놀라운 사실이다. 문제는 신문지를 43번이나 접을 수 있는가 하는 것인데, 이는 불가능한 일이다.

이와 유사한 문제로 지구 둘레를 생각해보자.

지구의 적도를 반지름이 6,378킬로미터인 원이라고 가정하자. 이 적도에 접하게 두를 수 있는 긴 끈이 있다고 할 때, 이 끈보다 10미터가 더 긴 끈으로 적도의 주위를 균등한 폭으로 두르면 지구와 끈과의 틈새는 얼마나 될까? 얼른 생각에는 그 틈새가 거의 없을 것처럼 보인다. 그러나 원의 둘레는 반지름의 2π 배이므로, 늘어나는 폭의 길이를 r 미터라 두면 다음 방정식 $2\pi r = 10$ 을 만족하여야 한다. 이때 원주율 π 를 3.14로 계산하면 늘어나는 폭은 약 159센티미터이다. 그러므로 지구와 끈과의 틈새는 보통의 아이들이 마음대로 돌아다닐 수 있는 거리가 된다.

▎미지수를 나타내는 기호

방정식에서 미지수를 나타낼 때 주로 x 를 기호로 사용한다. 이를 처음으로 사용한 사람은 프랑스의 수학자 데카르트이다. 그가 x 를 미지수로 사용한 이유는 x 를 많이 사용하는 프랑스어의 특징 때문이라고 한다. 실제로, 프랑스의 인쇄소에는 여분의 x 활자를 많이 가지고 있어서 편리하게 이용할 수 있었다고 한다. 즉, 활자를 알뜰하게 이용한다는 취지에서 x 를 미지수로 사용하게 되었다는 것이다. 우리가 수학을 열심히 공부하면 절약 정신이 자연스레 생기게 될까?

제3편

향기로운 수학

열일곱 번째 이야기

4원소와 정다면체

어떠한 방법으로도 더 이상 분해되지 않는 물질을 이루는 기본 성분을 원소라고 한다. 원소가 더 이상 분해되지 않는 것은 원소를 이루는 물질이 한 종류의 순수한 물질이기 때문이다. 브루스 윌리스, 게리 올드만 등이 출연하고 룩 베송이 감독한 〈제 5원소〉라는 영화가 있다. 이는 현실의 시간이 아닌 2300년이라는 미래의 시간을 설정한 SF영화이다. 이 영화에서는 물, 불, 흙과 공기의 4원소와 함께 제5원소로 사랑을 든다. 그런데 역사적으로는 제5원소의 원조가 있다.

2600여년 전, 탈레스는 '만물의 근원은 물'이라고 하였다. 이 말 한마디로 탈레스는 '자연철학의 아버지'라는 영예로운 칭호를 얻었다. 탈레스가 자연철학의 창시자로 높이 평가받는 것은 그를 필두로 하여 신화의 시대가 끝나고 이성의 시대가 시작되었음을 가리킨다. 고대 이집트나 바빌로니아 사람들은 우주는 물을 중심으로 구성되어 있다고 믿고 있었다. 이집트의 피라미드 벽화에는 태양신이 물에서 솟아올라 하늘을 지난 다음 다시 물 속을 지나 다음날 다시 솟아오르는 모양이 그려져 있다고 한다. 바빌로니아 사람들은 우주 그 자체가 물 속에 잠겨 있는 자그마한 공간이라고 생각하였다. 물이야말로 생명의 원천이라고 믿었으므로 탈레스가 물을 현상 세계의 가장 근원적 물질이라 생각하는 것은 당연한 일이었다.

그러나 아낙시메네스는 물을 공기의 한 변형으로 생각하고, 공기를 우주의 기본 원소라고 주장하였다. 물이 대단히 중요한 것이긴 하지만, 물을 끓이면 공기가 되는 것처럼 공기는 더 근본적인 것으로 물은 공기에 비하면 하나의 특수한 경우에 지나지 않는다는 것이 아낙시메네스의 주장이었다. 이처럼 현상 세계는 하나의 원소가 조건에 따라 여러 물질로 변화하여 만들어진다고 생각하는 일원론은 고대 그리스의 철학자이자 정치가이며 의사인 엠페도클레스에 의해 부정되었다. 그는 어느 하나를 기본 원소로 생각하지 않고 만물의 근원을 흙地, 물水, 불火, 공기風의 4원소로 규정하였다. 이들 4원소는 서로 합쳐지고 분해되는 과정으로 여러 가지 물질을 만들게 되는데, 그 결합과 분리의 힘을 공급하는 것은 각 원소들 사이에 작용하는 사랑과 미움이라고 하였다. 전통적으로 4원소는 두 그룹으로 분류된다. 불과 공기는 활동적이고 자기 표현에 적극적인 반면에, 물과 흙은 수동적이고 수용적이며 자기 표현을 자제하는 경향이 있다. 플라톤과 아리스토텔레스도 이 4원소설을 지지하고 발전시킨 이론을 제시하였기 때문에 엠페도클레스의 4원소설은 2000여년 동안 서양인들의 기본적인 물질관으로 계승되었다.

고대 그리스인들이 만물의 근원이라고 생각한 4원소의 성향은 다음과 같이 설명할 수 있다. 여러분 각자의 성향은 어디에 속하는지 생각해보라.

(1) 흙은 다산성과 불변성의 상징적 의미를 내포하고 있다. 이 성향의 사람은 다른 사람에 비하여 끊임없이 일을 만들어 부지런히 활동하며 심지어 단순하게 반복되는 일상생활에도 잘 적응하는 편이다. 연애를 할 때도 한 사람과 꾸준하게 사랑을 나누며 결실을 맺는 전형적인 모범생 스타일이다.

(2) 불이 내포하고 있는 의미는 야망과 의지이다. 불은 물건을 태우는 동시에 정화하는 일을 한다. 불은 희생을 요하며 동시에 새로운 기회를 펼쳐보이겠다는 약속을 의미한다. 불은 남성적 에너지로서 성격이 공개적, 적극적이며 의식적임을 나타낸다. 연애를 할 때도 정열적인 사랑을 하지만, 얼마나 잘 제어할 수 있느냐가 관건이다. 이 성향의 사람은 제어가 제대로 되지 않으면 야망에 눈이 멀어 도덕적 의무마저 져버릴 수 있으며 사랑도 한 배우자에 만족하지 않을 소지가 많다.

(3) 물은 풍부한 상상력을 의미한다. 이 성향의 사람은 사물을 꿰뚫어보는 통찰력과 풍부한 창조력이 내재되어 있어서, 천재성을 얼마나 계발하여 사용할 수 있느냐가 관건이라 할 수 있으며, 노력이 필요한 사람이다.

(4) 공기의 성향을 가진 사람은 매우 지성적인 사람이다. 지식에 대한 욕구는 물론 독서를 즐기거나 세상의 흐름에 뒤지지 않으려고 노력하는 성향의 사람이며, 타고난 천재성은 비록

없더라도 자신의 노력으로 천재가 될 수 있는 사람이다.

고대 그리스의 철학자이자 수학자인 플라톤은 정다면체에 특별한 의미를 부여하였다. 엠페도클레스의 주장과 같이 플라톤도 세상의 모든 만물은 4원소로 이루어졌다고 생각하였다. 그는 한 걸음 더 나아가 4원소는 작은 입체들의 집합체라는 이론을 제기하고, 세계는 완벽한 입체만으로 만들어질 수 있기 때문에 이 원소들도 반드시 정다면체 모양이어야 한다고 하였다. 그래서 그는 가볍고 날카로운 원소인 불은 정사면체, 안정된 원소인 흙은 정육면체, 활동적이면서 유동적인 원소인 물은 가장 쉽게 구를 수 있는 정이십면체이어야 한다고 주장했다. 그리고 정팔면체는 엄지손가락과 집게손가락으로 마주보는 꼭짓점을 가볍게 잡고 입으로 불면 쉽게 돌릴 수 있으므로 공기의 불안정성을 나타낸다고 하였다. 또한, 정십이면체는 우주 전체의 형태를 나타낸다고 주장하였다. 예로부터, 12라는 숫자는 우주와 깊은 관련성을 갖고 있었는데, 천문학에서 말하는 황도 십이궁과 우리가 사용하는 십이지 등이 그 예이다. 이러한 플라톤의 주장으로 정다면체는 **플라톤의 입체도형**이라는 별명을 가지게 되었다. 플라톤의 이론은 현대적인 시각에서 보면 기묘하고 공상적이지만, 17세기까지 서구 세계에서는 진지하게 받아들여졌다. 이를 요약하여 표로 나타내면 다음과 같다.

다면체	4원소	특징
정사면체	불	가볍고 날카로움
정육면체	흙	안정성
정팔면체	공기	불안정성
정십이면체		우주 전체의 형태
정이십면체	물	활동성과 유동성

아리스토텔레스는 지구는 물, 불, 흙과 공기의 4원소로 이루어져 있지만, 지구에서 달까지를 제외한 모든 천체는 '에테르'라는 물질로 이루어졌다고 하였다. 그는 4원소 사이에는 그 무게에 따라 계급이 있음을 주목하고 무거운 원소는 아래로 향하고 가벼운 원소는 위로 향한다고 생각하였다. 즉, 우주의 중심인 지구 둘레에서 가장 가벼운 원소인 불은 가장 높은 곳에, 그 아래를 공기, 물, 흙이 차례로 자리 잡게 된다는 것이다. 그리고 불 위쪽의 우주에는 불보다도 더 가볍고 순수한 원소가 하나 더 존재한다고 생각하였으며, 그것을 우주를 구성해주는 제5원소인 에테르라고 하였다. 따라서 그리스의 원소설은 지상에는 4원소이지만, 우주 전체로는 5원소라고 보았다. 각 물체의 특성이 서로 다른 까닭은 4원소의 구성 비율이 다르기 때문이며, 무거운 물체에는 흙과 물이 많이 함유되고, 가벼운 물체에는 공기나 불이 많이 함유되어 있다고 본다. 그리고 천상계 물질은 지상계의 물질과는 다르며 제5원소인 에테르로 이루어졌다고 생각하였다. 갈릴레오는 망원경으로 태양의 흑점을 발견하였는데, 이것은 태양의 오점을 드러낸 것으로 아리스토텔레스의 가르침에 반하는 것이었다. 완전무결한 원소인 에테르로 이루어졌다는 태양이 결점을 보인 것은 에테르의 존재를 의심하게 만드는 하나의 계기가 되었다.

실제로 중세 서양과 아랍에서는 플라톤과 아리스토텔레스의 이론이 계승되어 원소 변환을 위한 실제적 노력을 기울였다. 아리스토텔레스의 원소 변환설의 영향으로, 많은 과학자들은 값싼 금속으로 금을 만들기 위해 많은 노력을 하였다. 이러한 연금술은 처음에는 납으로 금을 만들기 위해 시작된 기술이었으나, 철, 구리, 납 등의 비금속을 금이나 은과 같은 귀금속으로 변화시키고,

늙지 않고 오래 사는 약을 만들려는 화학기술로 변화하였으며, 고대 이집트에서 시작되어 중세 시대에는 유럽에까지 널리 유행하였다. 연금술사들은 그들이 원했던 금을 만들지는 못했지만, 금을 만들기 위해 사용한 물질들과 그들이 새롭게 만들어낸 물질들은 현대과학, 특히 화학 분야의 발전에 크게 기여하였으며, 실험과학의 기초가 되었다.

서양의 4원소설과 같은 시기에 중국에서는 **오행설**이 발달하였다. 목木, 화火, 토土, 금金, 수水의 5가지를 근원으로 보는 오행설이 그 발전과정이나 응용면에서 반드시 서양의 4원소설과 같은 차원의 것이라고 생각하기는 어렵다. 중국인들은 세상의 변화과정을 오행과 연관하여 이해하려고 하였는데, 그 중에서 대표적인 것이 상생의 과정과 상극의 과정이다. 나무는 불을 낳고(木生火), 불은 흙을 낳으며(火生土), 흙은 쇠를 낳고(土生金), 쇠는 물을 낳는가 하면(金生水), 물은 다시 나무를 길러 준다(水生木)는 것이 상생의 과정이다. 그리고 상극의 과정은 금극목金克木, 화극금火克金, 수극화水克火, 토극수土克水, 목극토木克土를 말한다.

이제, 정다면체에 대하여 좀더 살펴보도록 하자.

평면도형인 다각형에는 모든 변의 길이가 같고 모든 내각의 크기가 같은 정다각형이 있고, 입체도형인 다면체에는 각각의 면은 모두 합동인 정다각형이고 각 꼭짓점에 모인 면의 수가 모두 같은 정다면체가 있다. 그런데 정다각형은 정삼각형, 정사각형, 정오각형, … 등과 같이 수없이 많지만, 정다면체는 정사면체, 정육면체, 정팔면체, 정십이면체, 정이십면체의 5가지만 존재한다. 실제로 정다면체는 한 꼭짓점에 정삼각형 3개가 모인 정사면체,

4개가 모인 정팔면체, 5개가 모인 정이십면체가 있으며, 정사각형 3개가 모인 정육면체, 정오각형 3개가 모인 정십이면체가 존재한다. 5개의 정다면체의 면의 모양, 꼭짓점 수, 모서리 수를 표로 나타내면 다음과 같다.

	정사면체	정육면체	정팔면체	정십이면체	정이십면체
한 꼭짓점에 모인 면의 수	3	3	4	3	5
면의 모양	정삼각형	정사각형	정삼각형	정오각형	정삼각형
꼭짓점 수	4	8	6	20	12
모서리 수	6	12	12	30	30

다음은 각 정다면체와 그 전개도를 나타낸 것이다.

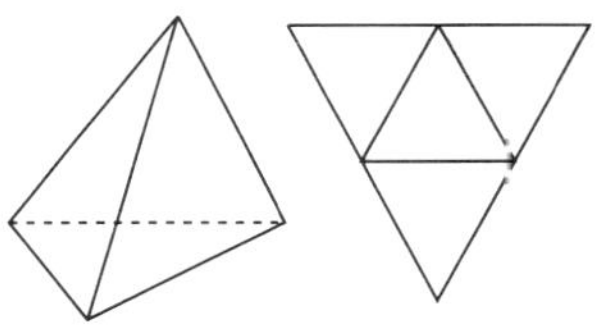

정사면체

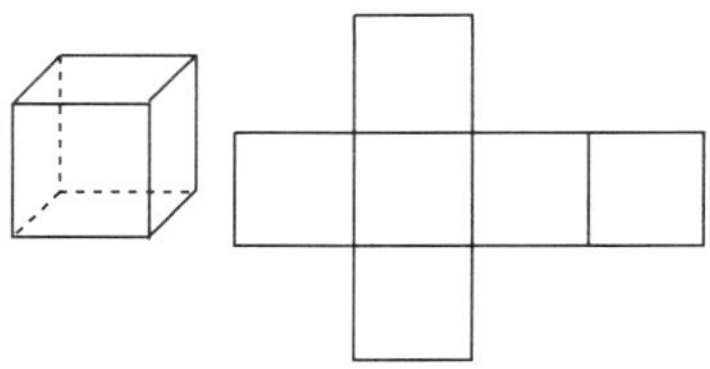

정육면체

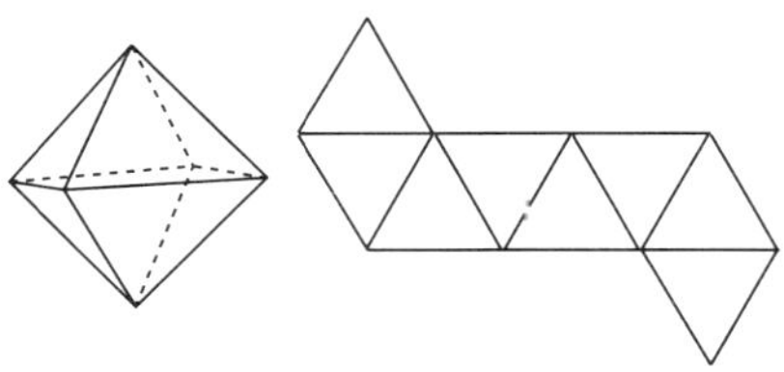

정팔면체

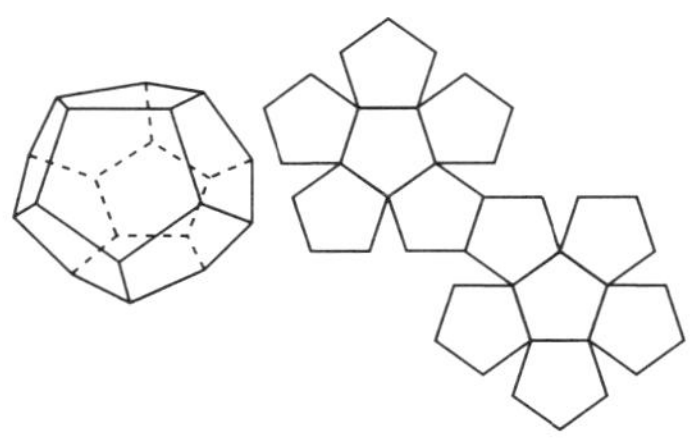

정십이면체

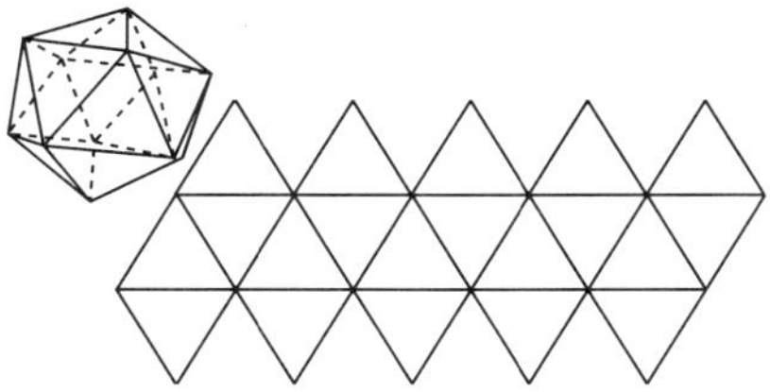

정이십면체

5종류의 정다면체만 존재한다는 사실은 고대 그리스인들도 이미 알고 있었다. 당시 완성된 정다면체 이론은 기하학에서 최상의 위치에 있었으므로, 이 멋진 정다면체 이론을 플라톤은 4원소의 설명에 활용하였던 것이다. 정다면체는 행성의 운동을 설명하는 도구로 이용되기도 했다. 케플러 시대에는 수성, 금성, 지구, 화성, 목성, 토성 등 6개의 행성만 알려져 있었는데, 행성이 태양 주위를 공전한다는 코페르니쿠스의 이론을 믿은 케플러는 정확히 6개의 행성이 존재하는 것과 그것들이 태양으로부터 특정한 거리에 위치하는 이유를 정다면체와 연관하여 찾고자 하였다. 그런데 플라톤과 케플러와 같은 과학자가 왜 이런 생각을 하게 되었는지 믿어지지 않는다. 여하튼, 1609년 행성들의 궤도가 타원이라는 사실을 발견한 케플러는 아마도 자신의 주장이 잘못되었음을 스스로 알게 되었을 것이다.

열여덟 번째 이야기

학문의 열정과 유레카

우리는 대개 그리스어 한마디는 알고 있다. 바로 아르키메데스가 외쳤다는 **유레카**Eureka이다. 유레카라는 말을 들으면 아마도 벌거벗고 길거리를 달리고 있는 아르키메데스가 먼저 떠오를 것이다.

기원전 3세기경, 아르키메데스를 아끼고 후원하던 히에론 왕은 금세공인에게 금으로 왕관을 만들도록 하였다. 금세공인이 왕관을 만들어 가지고 왔을 때, 그가 금을 빼돌리고 다른 물질을 섞어서 왕관을 만들지는 않았을까 하는 의심이 든 왕은 아르키메데스에게 왕관을 손상하지 않고 그 진위를 식별해 달라는 부탁을 하게 된다.

이로 인해 고심에 고심을 거듭하던 아르키메데스는 우연히 목욕탕에 들어갔을 때, 물이 넘치는 것을 보고 물 속에서는 자기 몸의 부피에 해당하는 만큼 무게가 가벼워진다는 것을 문득 알아내었다. 흥분한 그는 옷도 입지 않은 채 목욕탕에서 뛰쳐나와 '알았다! 알았다!Eureka! Eureka!'라고 외치며 집을 향해 달려가 저울의 한 쪽 접시 위에는 왕관을 올려놓고 다른 접시 위에는 똑같은 무게의 순금을 올려놓은 다음, 이것을 물 속에 넣어 저울대가 순금 쪽으로 기우는 것을 보고 금관이 위조품인 것을 알아내었던 것이다. 그는 이 원리를 응용하여 유명한 **아르키메데스의 원리**Archimedes' principle를 발견하였다. 즉, 위조왕관에는 은이 섞여 있었기 때문에 같은 무게의 순금보다 부피가 크고 따라서 그만큼 부력도 컸던 것이다.

또한, 아르키메데스는 히에론 왕에게 종종 수학을 가르치곤 하였다. 왕이 아르키메데스에게 '수학은 배워서 어디에 쓰는가?'라고 물었을 때, 그는 지렛대와 도르래로 무거운 물체를 들 수 있는 것도, 포물선의 성질을 이용한 포물거울로 햇빛을 모아 로마함대를 무찌를 수 있었던 것도 모두 수학 덕분이라고 설명하였다. 당시 거대한 군함을 원하는 왕의 뜻에 따라 군함을 만들기는 하였으나, 육지에서 바다로 군함을 어떻게 옮겨 띄울 수 있을까가 걱정이었다. 이때 아르키메데스는 거대한 지렛대 장치를 만들어 간단히 바다로 옮긴 후

지탱할 곳을 나에게 달라. 그러면 지구를 움직여 보일 것이다.

라는 유명한 말을 남겼다고 한다.

플루타르코스 영웅전에 나와 있는 아르키메데스의 최후는 아주 유명하다. 지중해의 패권을 차지하기 위하여 로마와 카르타고 사

이에 일어난 제2차 포에니 전쟁 때, 아르키메데스가 살고 있던 시라쿠사는 카르타고 편을 들어 로마군의 공격을 정면으로 받게 되었다. 로마군의 지휘관 마르켈루스는 8척의 군함을 연결하여 그 위에 높다란 하프 모양의 대를 만들어 대포를 설치하였다. 자만심에 들뜬 마르켈루스는 자신들의 명성과 많은 배를 보기만 해도 시라쿠사인들이 항복하리라고 생각하였다. 그러나 시라쿠사인들은 아르키메데스가 만들어낸 거대한 투석기로 1톤이 넘는 돌을 연이어 쏘아 로마군의 배를 파괴하였으며, 커다란 볼록렌즈를 이용하여 배를 불태우기도 하였다. 또한 기다랗게 생긴 기중기와 쇠로 된 갈고리로 성벽 너머에 가까이 오는 배를 낚아채 바윗돌에 던져 부수기도 하고 침몰시켜버렸다.

그 후 정면 공격을 단념한 로마군의 배후 공격으로 시라쿠사는 전쟁에서 패배하게 되는데, 그 와중에서도 아르키메데스는 모래 위에 도형을 그리고 있었다고 한다. 이때 '방해하지 말라'는 아르키메데스를 말을 들은 로마 병사는 단칼에 아르키메데스를 살해하였다. 그는 죽는 순간까지도 단순한 기술자가 아닌 기하학자로서의 면모를 보여주었던 것이다. 비록 서로 적이었지만 아르키메데스를 만나고 싶어했던 마르켈루스는 그의 죽음을 애석하게 생각하고, 평소 그의 소원대로 묘비에 원뿔, 구, 원기둥이 각각 내접해있는 왼쪽과 같은 그림을 새겨주었다.

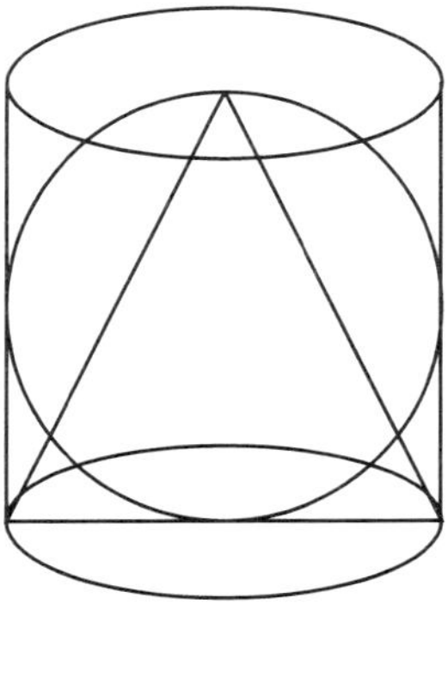

아르키메데스의 묘비에 새겨진 내접하는 원뿔, 구, 원기둥 사

이에는 어떤 조화로움이 있는지 살펴보자.

원기둥 밑면의 반지름을 r, 높이를 h라 하면, 원뿔의 부피는 $\frac{1}{3}\pi r^2 h$, 구의 부피는 $\frac{4}{3}\pi r^3$, 원기둥의 부피는 $\pi r^2 h$이다. 여기서는 구가 원기둥에 내접하므로 $h = 2r$이고, 따라서 원뿔, 구 및 원기둥의 부피는 다음과 같다.

$$\text{원뿔의 부피} = \frac{1}{3}\pi r^2 h = \frac{2}{3}\pi r^3$$

$$\text{구의 부피} = \frac{4}{3}\pi r^3$$

$$\text{원기둥의 부피} = \pi r^2 h = 2\pi r^3$$

그러므로 이들 입체도형의 부피 사이에는

원뿔의 부피 : 구의 부피 : 원기둥의 부피 = 1 : 2 : 3

의 관계가 성립한다. 아르키메데스는 세 입체도형의 부피의 비가 1 : 2 : 3으로 이루어진 것을 발견하고 매우 아름답다고 생각하였다고 한다. 이것은 아르키메데스가 고심 끝에 발견한

구에 외접하는 원기둥의 부피는 구 부피의 1.5배

임을 보여준다. 그는 우주는 수학적으로 조화롭게 이루어져 있으며, 그 중에서도 1, 2, 3, …과 같은 자연수는 그 기본을 이룬다고 생각하였다.

그가 살해된 지 137년이 지난 기원전 75년, 키케로가 로마의 감찰관으로 시칠리아 섬에 갔을 때, 그는 아르키메데스의 무덤을

찾기 위해 모든 공동묘지의 묘비를 조사하던 중 덤불과 관목이 우거진 사이로 조금 튀어나온 묘비를 찾아내었다. 그러나 시간이 흐름에 따라 묘비는 다시 자취를 감추었다가 1965년 한 호텔의 기초 공사를 위해 땅을 파다가 굴착용 증기 삽에 한 묘비가 떠올랐는데, 그 위에 원기둥에 내접하는 구의 그림이 새겨져 있었다고 한다.

아르키메데스가 커다란 볼록렌즈를 사용하여 로마군의 배를 불태우고 투석기, 기중기 등의 병기를 발명하여 조국을 지키며, 스크루를 발명하여 생활을 편리하게 하는 등 여러 발명을 한 것은 현실을 개선하려는 끊임없는 연구의 결과일 것이다. 학문에 대한 열정과 집중력은 물론, 현실을 그대로 받아들이지 않고 그것을 극복하고 한 발 더 나아가려는 그의 정신은 이 세상의 어느 것보다도 고귀하다고 할 것이다.

이제, 아르키메데스의 원리에 대해 좀더 알아보자.

우리가 물 속에서 수영을 할 수 있는 것은 부력이 작용하기 때문인데, 이에 대한 답을 주는 것이 아르키메데스의 원리이다. 우리 몸이 완전히 물 속에 잠기면 몸의 부피만큼 물이 이동할 것이고, 이렇게 이동한 부피에 해당하는 물의 무게만큼 부력을 받는다. 즉, 우리 몸의 부피와 같은 부피에 해당하는 물의 무게만큼 가벼워지게 되는데, 이것이 바로 부력이다. 그러면 쇠로 만든 배가 물 위에서 뜨는 이유는 무엇일까? 쇠는 물보다 밀도가 크지만 배 안은 밀도가 아주 작은 공기가 들어 있는 공간이 대부분이다. 따라서 배가 물 속에 잠기면 잠긴 부분의 부피가 매우 커서 그 부피에 해당하는 물의 무게만큼 부력이 위로 작용하므로 쇠로 만든 배라도 뜰 수 있는 것이다. 잠수함의 경우는 부피를 조절할 수 없으므로, 물을 넣거나 빼어 무게를 조절한다. 물고기는 부레의 부피를 늘리거나 줄여 밀도를 조절하며, 특히 악어는 돌덩어리를 삼켜서 전체 밀도를 조절하여 뜨고 가라앉는다고 한다.

열아홉 번째 이야기

앞뒤가 없는 뫼비우스 띠

뫼비우스 띠 Mobius strip는 아래 그림에서와 같이 가늘고 긴 직사각형 모양의 종이를 공간상에서 180도 비틀어 직사각형의 짧은 두 변을 반대로 향해 겹치듯이 접어서 만든 곡면이다. 이 곡면은 한 면만을 가지며, 띠를 따라서 가운데를 자르더라도 하나의 띠가 된다. 1858년 독일의 수학자 뫼비우스와 리스팅이 거의 동시에 독립적으로 이 띠의 성질을 발견하였다.

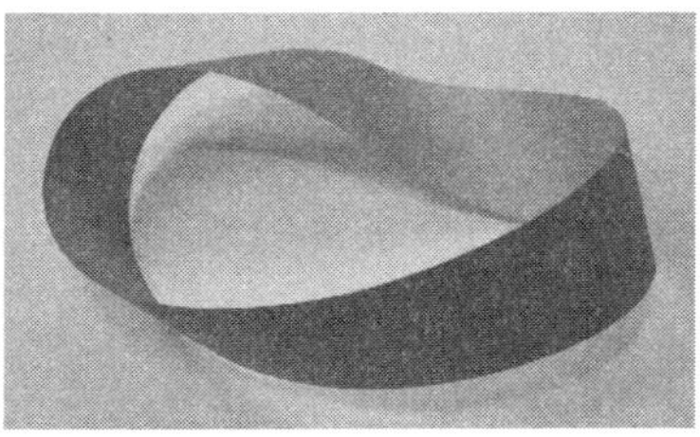

독일 태생인 뫼비우스는 당시 괴팅겐의 천문대장이었던 가우스의 지도로 천문학을 공부하였으며, 라이프치히 대학의 천문학 교수로 있으면서 천문학, 기하학 및 역학 등의 분야에서 많은 업적을 남겼다. 뫼비우스는 기하학에서는 동차좌표의 하나인 중심좌

표를 처음으로 도입한 업적으로 유명하다. 특히, 그는 사영기하학의 토대를 마련하였으며, 뫼비우스 띠는 위상수학이라 불리는 완전히 새로운 수학 분야의 모태가 되었다.

수학을 전공한 사람이 아니면 정확히 이해하기 어려울 것으로 생각하지만, 사영기하학이란 기하도형과 이를 사영한 형상과의 관계를 다루는 수학의 한 분야로서, 도형의 성질 중에서 평면 위의 도형을 그 평면 밖의 한 점에서 빛을 비추어 그림자처럼 다른 평면 위에 옮겨 점은 점으로, 선은 선으로, 면은 면으로 그 밖의 요소는 그 밖의 요소로 각각 일대일로 대응시키는 사영변환에 불변인 기하학적 성질을 연구하는 기하학의 한 갈래이다. 또한 위상수학은 위상이 주어진 공간의 성질과 위상공간 사이의 함수의 연속성에 대해 연구하는 수학의 한 분야이다.

만약, 개미 한 마리가 뫼비우스 띠의 중앙선을 따라 기어간다면, 한 바퀴를 돌았을 때에는 처음 있었던 쪽과 반대쪽에 있게 된다. 이 곡면은 앞뒤의 구별이 없으며, 방향이 정해지지 않는 곡면이다. 우리가 뫼비우스 띠의 표면을 걸을 수 있다면 뫼비우스 띠의 모든 곳을 자유로이 여행할 수 있다. 그러나 특별한 일이 발생하지 않는 한 출발점으로 다시 돌아올 수 있는 구의 표면과는 달리, 뫼비우스 띠 위에서 같은 방향으로의 여행은 출발점으로 되돌아올 수 없을 뿐만 아니라 여행자를 반대편으로 보낸다. 즉, 되돌아왔을 때의 위치는 위아래가 바뀐다. 이러한 성질이 있는 곡면은 오른쪽과 왼쪽의 의미를 일관되게 정의할 수 없기 때문에 뫼비우스 띠는 방향성이 없다고 한다. 반면에 구의 경우는 표면을 대원을 따라 돌면 출발할 때와 같은 방향을 유지하며 돌아올 수 있기 때문에 방향성이 있다고 한다.

뫼비우스 띠는 신기하게도, 아래 그림에서와 같이 중앙선을 따라 자르면 전체가 하나로 이어진다. 그리고 뫼비우스 띠를 전체 폭의 3분의 1 되는 지점을 따라 두 번 자르면 두 개의 서로 맞물린 고리가 생겨나는데, 그 중에서 하나는 뫼비우스 띠이고 다른 하나는 절반씩 두 번 꼬인 고리이다.

2등분한 뫼비우스 띠

3등분한 뫼비우스 띠

이제, 뫼비우스 띠가 어떻게 활용되고 있는지 살펴보자.

(1) 실생활에서 두 개의 바퀴에 둥근 띠 모양의 벨트를 그대로 걸면 기계에 닿는 한쪽 면만 닳게 되고 또 쉽게 빠지기도 한다. 이것을 뫼비우스 띠처럼 한 번 꼬아서 걸게 되면 벨트의 양쪽 면이 골고루 닳기 때문에 벨트 수명이 훨씬 길어질 뿐만 아니라 벨트가 잘 빠지지 않는다는 장점이 있다. 이러한 뫼비우스 띠 모양의 벨트는 방앗간이나 공장의 기계에서 자주 볼 수 있다. 러시아의 발명가인 구바이둘린은 뫼비우스 띠 모양으로 만든 벨트를 끼운 연마기로 특허를 획득하기도 하였다. 뫼비우스 띠를 이용한 여과기, 프린터, 테이프, 전선은 물론이고, 각종 장비와 기계에 대한 특허가

수없이 많다고 한다. 또한 우리나라에서는 간단한 매듭을 만들 때나 전대, 자루를 만들 때 한번 비틀어 마주 붙였다. 이러한 흔적은 우리의 한복 곳곳에 많이 남아 있다.

(2) 현재 우리는 '중력의 시대'에 살고 있지만, 소수 과학자들과 물리학자들은 언젠가는 중력의 반대로 힘이 작용하는 반중력의 시대가 올 것으로 예상하고 있다. 실제로 지구가 끌어당기는 힘을 차단하는 물질이나 장치가 존재한다면, 비행이나 우주여행은 새로운 차원의 문제가 될 것이다. 예로, 지구에서 달로 여행을 하는 경우, 반중력장치는 지구 중력을 차단하고 달의 인력만을 이용해 달에 접근할 수 있도록 해주며, 귀환할 때는 지구 인력만으로 지구에 돌아올 수 있을 것이다.

이러한 반중력장치를 처음 공개적으로 개발하려 한 사람은 영국인 존 설John Robert Roy Searl 박사이다. 그는 미친 과학자로 치부되기도 하였지만, 반중력의 가능성을 인정하는 일부에서는 반중력장치를 개발한 최초의 과학자로 평가하고 있다. 일본의 반중력 연구가인 신이치 세이케 교수는 전선을 뫼비우스 띠 모양으로 감아 반중력장치의 핵심인 전자석을 만들었다. 그는 뫼비우스 띠 모양으로 감은 전자석과 영구자석을 조합하여 개발한 세이케 장치에 전력을 연결하면 장치의 질량을 감소시키면서 반중력현상이 일어난다고 발표하였다.

(3) DNADeoxyribonucleic acid는 핵산의 일종으로, 주로 세포 내에서 생물의 유전 정보를 보관하는 물질이다. DNA는 스위스

의 프리드리히 미셔Friedrich Miescher에 의해 1869년 처음 발견되었다. 유전인자가 이중나선으로 되어 있다는 사실은 생물학을 전공한 왓슨과 물리학을 전공한 크릭에 의해 발견되었다. 그들은 과학전문 잡지 〈네이처〉지에 "DNA는 두 가닥의 핵산이 서로 꼬인 나선형의 사닥다리 구조를 이루고 있다."는 역사적인 논문을 발표했다. 이로 인해, 세상에서 가장 정교한 설계도인 DNA의 분자 구조를 발견하였으나 유전인자의 복제본을 만들기 위해서는 두 개의 얽혀 있는 매듭을 풀어야하는데, 이는 매우 어려운 일로 생명의 신비를 푸는 문제이기도 하였다. 1981년, 생물학자와 공동연구를 수행한 콜로라도 대학의 왈바 교수는 DNA가 뫼비우스 띠를 2등분하였을 때의 모양과 같다는 사실을 발견하였다.

(4) 스위스 조각가 막스 빌은 1935년에 뫼비우스 띠를 발견했다. 그는 그의 조각품을 〈끝없는 리본〉이라 명명하였다. 불행하게도 빌은 자신의 발명품이 수학자들에게는 이미 약 120년 전에 알려져 있었음을 알지 못하였다. 아마도 이러한 사실을 알게 되었을 때, 그의 실망은 매우 컸을 것이다. 빌은 뫼비우스 띠의 미적 잠재성을 현실화하는 작업에 착수하였으며, 그러한 빌의 작품은 수학을 미술로 변형한 것이라 할 수 있다. 한 영국 수학자로부터 우연히 뫼비우스 띠를 알게 된 네델란드의 판화가 에셔는 뫼비우스 띠를 모티브로 하는 작품을 만들었는데, 에셔의 작품들은 독특하게 생물들로 가득 차 있다. 삶의 반어성과 애매성을 묘사하는 데 천재적이었던 에셔는 뫼비우스 띠에서 창조적 재능을 발휘할 좋은 소재를 얻었던 셈이다.

스무 번째 이야기

안팎이 없는 클라인 병

3차원의 세계에서는 안쪽과 바깥쪽이 구분되지 않는, 즉 면이 하나밖에 없는 도형인 뫼비우스 띠를 만들 수 있다. 4차원의 세계에서 이와 같은 성질을 갖는 도형은 어떤 모양일까? 아마도 다음 그림과 같이 가장자리가 없어 내부와 외부가 구분되지 않으면서 면이 하나밖에 없는 도형이 될 것이다. 이를 고안한 독일의 수학자의 이름을 따서 **클라인 병** Klein's bottle이라고 부른다.

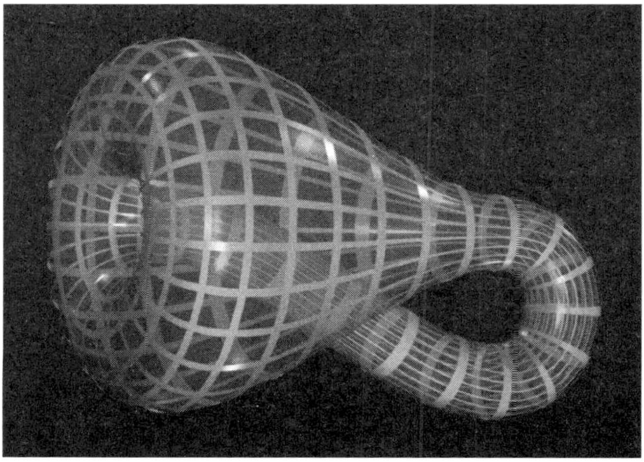

클라인 병은 자기모순을 지닌 도형이다. 그것은 병의 입구가 밑바닥과 다시 만나는 병으로서 입구가 곧 출구이며, 안이 밖이고 위가 곧 아래이다. 이 곡면은 3차원 유클리드 공간에서는 작도할 수 없으며, 닫혀 있으나 구와 같은 내부를 갖지 않는다. 클라인 병을 2등분 하면 각각이 뫼비우스 띠가 되므로, 2개의 뫼비우스 띠를 경계를 따라 맞붙이면 클라인 병이 된다. 클라인 병은 바깥쪽과 안쪽을 구별할 수 없는 폐곡면의 중요한 예로서, 타이어 모양의 윤환면과는 본질적으로 다르다. 이 우주는 어쩌면 시작도 끝도 없는 클라인 병과 같은 형상일지도 모른다.

직사각형은 2차원 도형이지만 한번 꼬아서 만든 뫼비우스 띠는 3차원에 속하는 도형이다. 마찬가지로, 클라인 병은 밑면과 윗면이 뚫린 원기둥으로 만든다. 옆면을 뚫고 들어가서 밑면에 윗면을 붙이면 클라인 병이 되는데, 4차원에서는 옆면을 뚫지 않고도 두 변을 붙일 수 있다. 따라서 클라인 병은 3차원 공간에서 표현할 수 있는 도형이 아니고 4차원 공간에 있어야 자연스러운 도형이다. 뫼비우스 띠가 가장자리가 있는 면이 하나밖에 없는 곡면이라면, 클라인 병은 가장자리가 없고 면이 하나밖에 없는 곡면이다. 클라인 병에는 경계가 없고 방향도 없기 때문에 클라인 병에 물을 부으면 붓는 것과 동시에 물이 줄줄 흐르게 된다.

다음 그림은 3차원 공간에서 클라인 병을 만드는 전형적인 방법을 순서대로 나타낸 것이다.

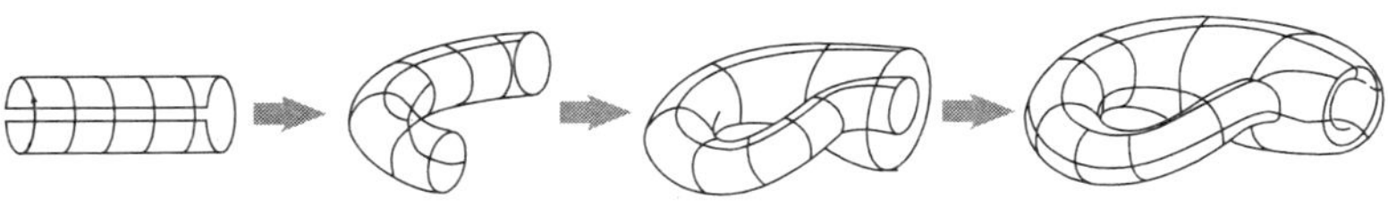

이제 차원에 대한 이야기를 계속해보자. 1차원인 직선 위에 거리가 1미터인 두 점이 있다고 하자. 2차원인 평면이나 3차원 공간에서는 직선을 마음대로 구부릴 수 있으므로, 주어진 직선을 구부려 두 점이 일치하도록 하면, 그 거리는 1미터에서 0으로 바뀐다. 이는 1차원에서 서로 떨어져 있던 두 점이 다음 차원에서는 동일한 점으로 존재할 수 있음을 보여준다. 또한, 이는 3차원 공간에서 서울과 부산은 상당히 먼 공간적 거리에 있지만, 4차원 공간에서는 공간을 구부려 두 도시를 일치시킬 수 있음을 의미한다. 즉, 3차원 공간 모두를 4차원에서는 한 점이 되게 할 수도 있다. 따라서 낮은 차원에서 불가능한 일도 고차원에서는 가능할 수 있음을 알 수 있다. 다른 예로, 2차원에서는 부풀려 있는 풍선에 들어 있는 동전을 풍선을 터뜨리지 않고는 꺼낼 수 없지만, 4차원에서는 가능하다. 영화에서 종종 등장하는, 문을 열지 않고 벽을 통과하는 장면도 4차원 공간에서는 얼마든지 가능한 일이다.

다음으로, 한 블로그에 소개된 3차원 공간에서의 클라인 병의 전개도를 소개한다. 다음 전개도를 이용하여 클라인 병을 만들어 보아라.

클라인 병

blog.naver.com/seongjin0928

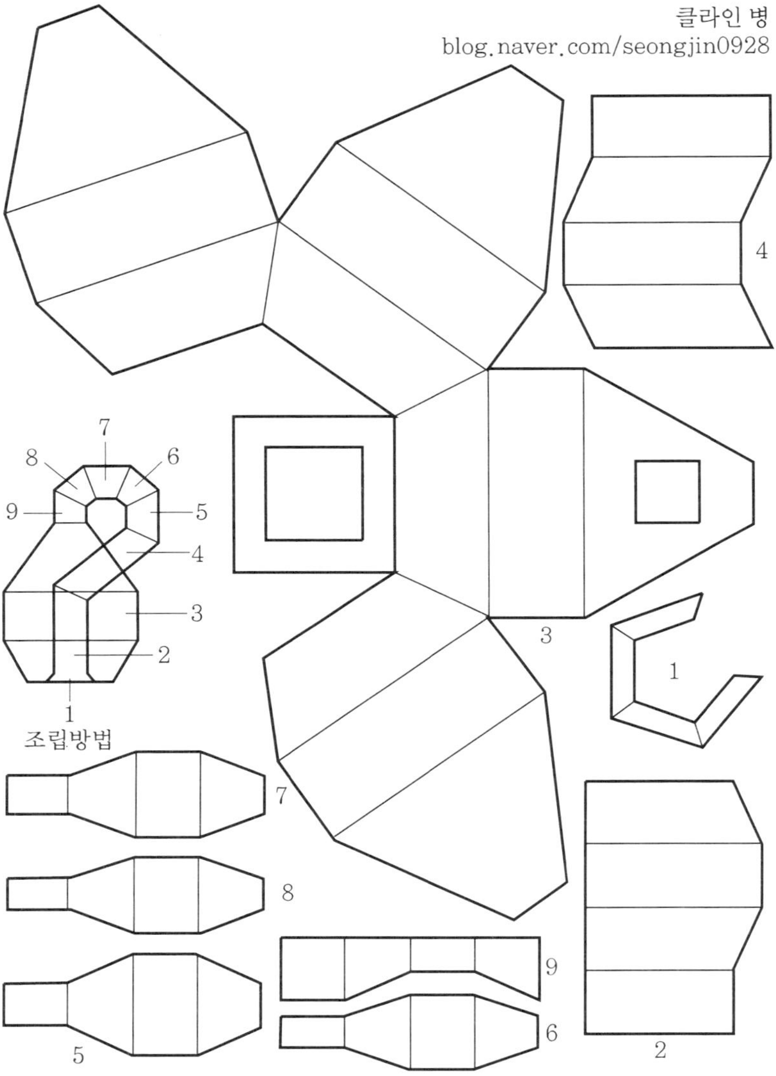

스물한 번째 이야기

정육각형의 벌집

부지런한 동물을 꼽으라면 꿀벌이 빠지지 않는다. 여왕벌로 태어나면 알을 낳는 일로, 일벌로 태어나면 이 꽃 저 꽃을 날아다니며 꿀을 따는 일을 하거나 알을 돌보는 일로 일생을 보낸다. 꿀벌은 인도 북부 지역이 원산지로, 밀원을 찾아 이동하면서 동양종과 서양종으로 진화하였는데, 우리나라에서는 약 2000년 전 고구려 태조 때 중국에서 전파되어 양봉이 시작되었다.

꿀벌은 훌륭한 건축가이기도 하다. 옆 그림에

서 보는 바와 같이 꿀벌의 집을 들여다보면 정육각형 모양의 작은 방들로 빼곡히 메워져 있는데 그 빼어난 솜씨에 감탄하지 않을 수 없다. 그런데 왜 하필 정육각형 모양으로 집을 만드는 걸까?

먼저 평면을 가득 메울 수 있는 도형은 어떤 것들이 있을까? 정다각형 가운데 평면을 빈틈없이 메울 수 있는 것은 정삼각형, 정사각형, 정육각형뿐이다. 왜냐하면 정오각형의 경우, 한 내각의 크기가 108도인데 한 꼭짓점에 3개의 정오각형을 모으면 12도만큼 벌어지게 되므로 평면을 완전히 메울 수 없기 때문이다. 마찬가지로, 정칠각형 이상의 경우에도 한 꼭짓점에 2개의 같은 정다각형을 모으고 남는 틈을 그 정다각형으로 메울 수 없음을 알 수 없다. 따라서 정다각형 모양으로 안정된 집을 만들려면, 꿀벌은 정삼각형, 정사각형, 정육각형 중에서 어느 하나를 택해야만 한다.

만약, 정사각형 모양으로 벌집을 만들면 어떻게 될까? 이 모양은 양쪽 옆에서 조금만 건드려도 잘 흔들리기 때문에 바람이 불면 애써 모은 꿀이나 알이 안전하지 못할 것이다. 그럼 정삼각형은 어떠할까? 튼튼하기는 하겠지만, 삼각기둥의 형태는 공간 활용의 측면에서 경제적이지 못하다. 실제로 모든 구조의 모양에서 가장 튼튼한 것은 원의 모양이다. 이는 물이 방울 모양으로 이루어지는 것과 같이 원 모양이 바깥에서 누르는 힘에 대해 가장 튼튼하기 때문이다. 하지만 벌집의 경우 원형으로 집을 지으면 이웃하는 집들이 원형으로 계속하여 연결될 수 없으므로 원형에 가까우면서도 연결이 용이하여 공간 낭비가 별로 없는 육각형으로 집을 짓는 것이 아닌가 한다. 다시 말하면, 정육각형은 빈틈이 없이 짜여 있을 뿐만 아니라 벌의 출입에도 편리하므로 벌들은 벌집을 만들 때 먼저 둥근 구멍을 만들고 그 속에 들어가 벽에 몸을 비비면서 서서히 육각형으로 고쳐나가는 것이다. 또한 오른쪽 그림에서와 같이 정삼각형의 경우는 정육각형 모양의 방을 만들 때보다 재료가 2배나 많이 든다. 이러한 것들이 벌이 정육각형 모양의 방을 만드는 이유가 아닐까?

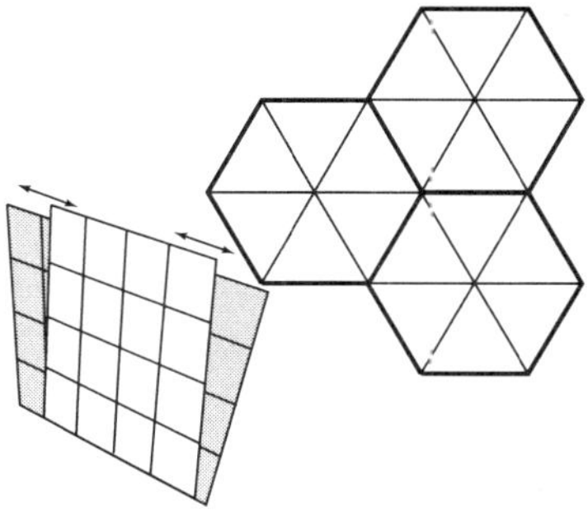

자연 환경에서는 곤충의 눈, 잠자리의 날개, 꿀벌의 집이나 눈의 결정 등과 같이 정육각형을 서로 연결하여 평면을 메운 경우를 아주 흔하게 볼 수 있다. 이는 정육각형일 때 서로 맞닿는 부분의 넓이가 가장 적어 경제적이면서 안정적이기 때문이라 생각된다. 꿀벌이 수학적으로 계산하여 집을 짓는 것은 아니겠지만, 자연은 말없이 수학의 법칙을 잘 따르고 있다.

벌집은 질서 정연하게 배열된 육각형 모양의 작은 칸들로 이루어져 있다. 벌집과 같은 이런 기묘한 육각형은 일찍부터 사람들의 이목을 끌었다. 육각형 모양의 구조물은 자연 법칙의 일종이라는 것이다. 18세기 초, 프랑스의 수학자 말라치는 벌집의 육각형을 측정하고 어느 벌집이나 둔각은 109도 28분이라는 재미있는 현상을 발견하였다. 스위스의 수학자 크니그는 이론적인 측면에서 재료를 가장 적게 사용하면서 용적이 가장 큰 마름모 모양의 용기를 만들려면, 그 각도가 109도 26분이어야 한다는 결과를 도출하였는데, 이 각도는 벌집의 실제 각도와 2분 밖에 차이가 나지 않았다. 그 후, 스코틀랜드 수학자 마크로린이 계산한 결과는 이 마름모꼴의 각도가 벌집의 실제 각도와 일치함을 확인하여 모두를 놀라게 하였다. 그 이후 크니그가 사용한 로그의 수표에 잘못이 있었음이 확인되었다. 벌집을 정면에서 보면 정육각형이므로 각의 크기가 120도이어야 하지만, 벌집은 육각기둥 모양으로 되어 있는 것이 아니라 그 밑부분은 한쪽 끝을 깎아 놓은 연필처럼 세 개의 마름모꼴로 되어 있어서 약간의 차이가 있는 것이다.

또한, 벌집은 수학자들에게는 하나의 발견을 주었지만, 재료공학 기술자, 특히 비행기 구조 연구자들에게는 재료를 절약하고 비행기 무게를 줄여주는 **벌집식 사이층** 구조물을 발명하는 단초를 제공하였다. 이런 구조물은 속이 비고 두 끝이 금속판으로 고정되어 있어서 강도가 높고 무게도 매우 가벼우며 소리나 열을 차단하는 성능도 좋다고 한다.

그리스의 수학자 파푸스가 남긴 《수학집성》이라는 책에 꿀벌의 집에 대한 다음 이야기가 실려 있다.

> 꿀벌은 천국으로부터 꿀이라는 신들의 음식 일부를 얻어서 인류에게 날라다 준다. 이처럼 귀한 꿀을 땅바닥이나 수목, 그 밖의 마시기 사나운 곳에 함부로 부어넣는 것은 적당치 않다. 그래서 꿀벌들은 꿀을 붓기에 알맞은 그릇을 만들었다. 이 그릇은 불순물이 끼지 못하도록, 서로 빈틈없이 연이어 있는 형태를 지녀야 한다.

스물두 번째 이야기

3대 작도 문제와 작도 원칙

지금으로부터 약 2300여년 전, 그리스 아테네에는 **소피스트**sophist라고 하는 직업 교사들이 시민 교육에 종사하고 있었는데, 그들은 점차 타락하여 곤란한 문제와 궤변으로 사람들을 골탕 먹이고 그것을 보고 좋아하는 나쁜 버릇이 있었다. 그들이 만든 어려운 수학 문제 중에서 가장 유명한 것이 눈금이 없는 자와 컴퍼스만을 사용하여 다음을 작도하라는 3대 작도 문제이다.

(1) 임의의 각을 3등분하는 것

(2) 임의의 원과 넓이가 같은 정사각형을 작도하는 것

(3) 임의의 정육면체의 부피의 두 배인 부피를 갖는 정육면체의 한 변의 길이를 작도하는 것

첫 번째 문제는 자와 컴퍼스만으로 3등분할 수 없는 각이 존재한다는 것이다. 예로서, 크기가 60도인 각을 3등분하는 문제를 생각해보자. 60도를 3등분한다는 것은 20도를 작도하는 문제를 뜻한다. 또한, 이는 cos 20도를 작도하는 문제와 같다. cos의 배각정리에서

$$\cos 2x = \cos^2 x - \sin^2 x$$

이므로

$$\cos 3x = \cos(2x + x) = 4\cos^3 x - 3\cos x$$

가 성립한다. 여기서 $\cos x = t$, $x = 20$도라 두면 $\cos 3x = 1/2$ 이므로, 삼차방정식

$$8t^3 - 6t - 1 = 0$$

을 얻는다. 이때, t의 값은 세제곱근 형태가 되는데, 이 세제곱근 형태는 작도가 불가능함이 알려져 있다.

두 번째로, 주어진 원과 같은 넓이를 갖는 정사각형을 작도하는 문제를 살펴보자. 반지름이 a인 원의 넓이는 $a^2\pi$이므로, 작도하려는 정사각형의 한 변의 길이를 x라 둘 때 $x^2 = a^2\pi$를 만족하여야 한다. 따라서 $x = a\sqrt{\pi}$ 이어야 하므로, 이는 길이가 $a\sqrt{\pi}$인 선분을 작도할 수 있느냐 하는 문제로 바뀐다. 그러나 19세기에 들어와 π의 제곱근은 작도할 수 없다는 것이 밝혀져 길이가 $a\sqrt{\pi}$ 인 선분을 작도할 수 없음이 증명되었다.

마지막으로, 세 번째 문제에 대해 알아보자. 정육면체의 부피를 2배로 할 수 있는가에 관한 문제의 발단에 대한 이야기는 두 종류가 있다. 하나는 고대 그리스 시인으로부터 비롯되었다고 한다. 미노스 왕은 그의 아들 글라우쿠스를 위해 세운 묘비의 크기가 마음에 들지 않자 그 크기를 두 배로 하라고 명령하였는데, 그 시인은 묘비의 각 변의 길이를 두 배함으로써 묘비의 크기를 두 배로 만들 수 있다고 말하였다. 이 잘못된 생각이 기하학자들로 하여금 부피만 두 배로 늘리는 것이 가능한가 하는 문제에 빠져들게 하였다. 다른 하나는 데리안족이 어떤 병을 퇴치하기 위해서는 아폴로의 정육면체 제단의 크기를 두 배로 하여야 한다는 신의 계시를 받았다는 것이다.

주어진 정육면체의 한 모서리의 길이가 1이면 부피도 1이다. 구하려는 정육면체의 한 모서리의 길이를 x 라 하면 $x^3 = 2$ 가 되어야 하는데, 세제곱이 2가 되는 유리수는 없으므로 이는 유리수근을 갖지 않는 삼차방정식이다. 따라서 첫 번째 경우와 마찬가지로 모서리 길이가 x 인 정육면체는 작도할 수 없다.

그리스인들은 이성적이고 논리적인 사고를 중시하였다. 그들은 실용적인 가치보다도 바른 지식 체계를 중요시하였기 때문에 의외로 쉽게 풀 수 있는 문제도 어렵게 푸는 경우가 많았는데, 그 대표적인 것이 3대 작도 문제이다. 그리스인들은 굳이 자와 컴퍼스만으로 작도하는 것을 강조하였는데, 그 이유는 그들이 작도하기 가장 간단한 도형은 성스럽게 생각하고, 기술적인 도형, 예로서 타원, 쌍곡선, 포물선이나 그 이외에 기계를 사용해서 그릴 수 있는 도형은 천한 것으로 생각하였기 때문이다. 그들은 자로 그을 수 있는 직선과 컴퍼스로 그릴 수 있는 원만을 사용하여 작도하는 전통을 가지게 되었는데, 이러한 전통은 플라톤 때부터 시작되었다. 플라톤은

> 자와 컴퍼스 이외의 다른 작도 방법은 기하학의 장점을 포기하고 파괴하는 것이다. 그것은 기하학을 영원한 사상의 영상으로 드높이기는커녕 오히려 이것을 다시 감각의 세계로 끌어내리기 때문이다.

라고 하였다. 피타고라스도 입체도형 중 가장 아름다운 것은 구이고 평면도형 중 가장 아름다운 것은 원이라고 강조하였다. 그러한 사고의 영향으로 당시의 종교적 상징인 건축물에는 원과 직선이 많이 사용되었다. 그러나 자와 컴퍼스만으로 작도해야 한다는 제약은 많은 수학자들을 괴롭혔다.

기하학 발달에 큰 영향을 준 3대 작도 문제는 눈금이 없는 자와 컴퍼스만으로는 이 문제를 해결할 수 없다는 데에 문제의 주안점이 있으며, 19세기에 이르러 작도가 불가능함이 밝혀졌다. 이 세 문제를 해결하기 위한 활발한 연구는 그리스의 기하학에 큰 영향을 미쳤으며, 원, 쌍곡선, 포물선 등의 원추곡선, 삼차곡선 및 사차곡선 등에 관한 많은 연구 결과를 가져오게 되었다. 이러한 부산물이 아니더라도 우리는 그리스인들의 사고를 결코 무시해서는 안 된다. 자와 컴퍼스만을 고집했듯이 실용적인 것보다 논리적이고 합리적인 지식 체계를 원했던 그들의 노력은 유클리드의 《원론》과 같은 위대한 결과들을 남겼다. 이러한 것들이 당장은 쓸데없어 보일 수 있지만 그 기초 위에 더욱 복잡하고 어려운 것들을 쌓아올려 현대 과학문명을 만들었다고 생각하면, 그들

의 고집스런 사고방식에 고마움을 느낀다.

3대 작도 문제에서 언급한 삼차방정식의 해법과 관련된 흥미로운 이야기가 있다.

고대 바빌로니아에서는 수표를 이용하여 삼차방정식의 근을 어느 정도의 근삿값으로 구할 수 있었다고 한다. 이차항이 없는 삼차방정식의 대수적 해법은 16세기 무렵, 볼로냐 대학의 델 페로 교수가 발견한 것으로 알려져 있다. 이는 특수 형태의 삼차방정식이지만, 일반적인 삼차방정식은 이 형태로 변형할 수 있기 때문에 삼차방정식은 델 페로가 풀었다고 해도 과언은 아니다. 그러나 델 페로는 이 해법을 공개하지 않고 제자 몇 명에게만 알려준 뒤 1526년에 사망하였는데, 제자 중 한 명인 피올은 이 해법을 이용하여 금전을 걸고 삼차방정식 풀이에 대한 시합을 즐겼다고 한다. 그 후 타르탈리아는 일차항이 없는 삼차방정식 풀이에 성공한 뒤, 델 페로의 삼차방정식의 해법도 알아냈다. 타르탈리아가 삼차방정식을 풀었다는 소문을 들은 피올은 자신의 명성을 올리고자 제안한 삼차방정식 풀이에 대한 공개시합에서 타르탈리아에게 패배하고 만다.

타르탈리아가 삼차방정식의 대수적 해법을 알고 있음을 알게 된 카르다노는 타르탈리아에게 간절히 부탁하여 삼차방정식의 해법을 전수받았다. 카르다노는 그의 제자와 함께 알아낸 사차방정식의 대수적 해법을 삼차방정식의 해법과 같이 책으로 출판하기를 원했으나, 삼차방정식에 대한 해법을 비밀로 하겠다는 타르탈리아와의 약속 때문에 출판할 수가 없었다. 그러던 중에 델 페로의 유고를 통해 타르탈리아가 삼차방정식을 푼 최초의 사람이 아님을 알게 된 카르다노는 타르탈리아와의 약속을 무효화하고 1545년에 《아르스 마그나Ars Magna》를 출판해 여러 형태의 삼차방정식 해법을 공표하였다. 이로 인해, 삼차방정식의 해법은 '카르다노의 방법'으로도 불리게 되었다. 이 일은 타르탈리아를 격노하게 하여 논쟁으로 발전하였으나, 그의 책에서 델 페로와 타르탈리아의 공적을 칭찬하고 있어서, 삼차방정식의 해법이 카르다노 자신의 독자적인 방법이라고 속인 것은 아니었다.

소피스트에 대해 좀더 자세히 알아보자.

소피스트는 기원전 5세기부터 기원전 4세기까지 그리스를 중심으로 활동했던 철학사상가이자 수사학, 변론, 웅변 등을 가르치던 교사를 말한다. 그들은 설득을 목적으로 논리적인 변론술을 강조하였으며, 진리와 정의를 상대적인 기준으로 바라보았다. 소피스트들에 대한 평가는 극단적으로 엇갈린다. 일부에서는 가르침에 대해 상당한 보수를 받거나 정치 또는 외교 등에 개입하여 부와 명성을 누리는 소피스트들을 곱지 않은 눈길로 바라보았다. 플라톤과 아리스토텔레스는 소피스트들을 철학적 사유를 담지 않은 공허한 말장난이나 언어의 기술적인 면만을 강조하는 궤변론자라고 비난하기도 하였다. 그러함에도 소피스트 사상은 언어학과 문법 발전에 커다란 영향을 끼쳤으며, 지식인을 양성하는 데에도 많은 기여를 했다. 뿐만 아니라 윤리, 종교, 제도 등의 가치기준을 절대적인 것에서 상대적인 것으로 파악함으로써 이성적으로 고찰하는 기회를 제공하였다.

소피스트들은 개인적 관점과 활동에 다소 차이가 있었지만, 일반적으로 다음의 세 가지 특징을 지니고 있었다.

첫째, 이전의 철학이 자연에 초점을 맞추었다면, 소피스트들은 인간 중심의 사고를 하였다. 그들의 강연은 현실세계에서의 활용에 목적을 두고 있었으며, 세속의 이해관계를 부정하지 않았다.

둘째, 인간 사고의 불완전성과 변동성으로부터 제도, 윤리, 정의 또한 보편성을 갖기 어렵다고 하여 그 한계를 지적하였다.

셋째, 소피스트의 강연은 당시 아테네의 민주정치에서 필요하였던 웅변술과 수사학을 가르치는 데 중점을 두어 설득의 도구로서 언어의 중요성을 강조하였다.

스물세 번째 이야기

이성의 만남과 조화

피타고라스 학파에서는 모든 것은 수로 이루어져 있으며, 그 기본은 1이라고 생각하였다. 그리고 짝수는 여성적인 수, 홀수는 남성적인 수라고 생각하여, 1에서 9까지 숫자 중에서 최초의 짝수인 2는 여성의 수이고, 3은 사물의 기본인 1을 제외한 최초의 홀수로서 남성의 수로 중시하였다. 또한, 그들 학파에서는 여성의 수 2와 남성의 수 3과의 결합수 5는 남녀의 부족함을 서로 보완해주는 수로서 조화와 정의를 상징한다고 생각하여, 이는 인간이 갖추어야 할 모습이므로 5는 인간 그 자체라고 믿었다. 그들 교단의 상징인 별은 숫자 5를 도형으로 나타낸 것으로, 완전하고 아름다우며 양팔을 벌리고 두 다리로 굳건하게 서 있는 사람의 형상을 나타낸다. 이러한 연유로 미국 국방

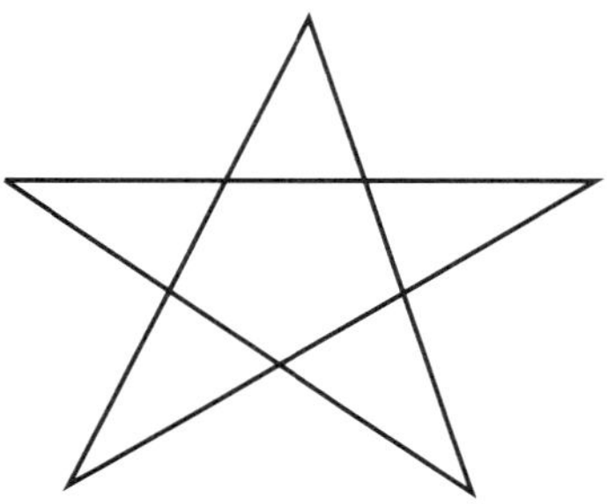

성일명 Pentagon 건물이 5각형으로 지어졌다고 한다.

또한, 그들 학파에서는 2와 3을 곱한 6은 사랑과 결혼의 수라고 하였다. 6을 상징하는 정삼각형과 역정삼각형을 겹쳐 만든 다윗의 별은 사랑, 결혼과 우주를 표현한 것이다.

숫자 3에 대해서 두 연산 곱셈(×)과 나눗셈(÷)을 이용하여 다음과 같이 나타내보자.

$1\times3=3$	$3\div3=1$
$2\times3=6$	$6\div3=2$
$3\times3=9$	$9\div3=3$

이를 기호표현적 의미로 다음과 같이 두 수의 세계 간의 관계로 표현할 수 있다.

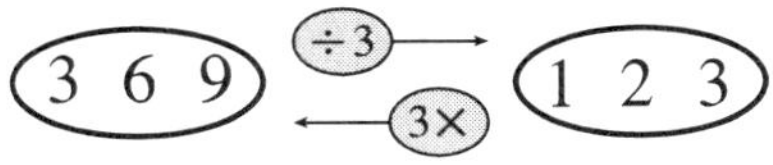

3, 6, 9가 현실의 수세계이라면, 그 몫이 되는 1, 2, 3은 현실에 대립하는 이상의 수세계로 볼 수 있다. 이 두 수의 세계를 통제하는 공통의 숫자가 바로 3(삶)으로, 다음 그림과 같이 나타낼 수 있다.

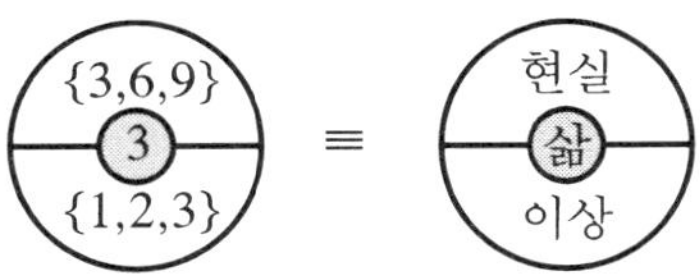

그리고 이상의 수세계 {1, 2, 3} 속에 있는 세 숫자를 모두 합하

거나 곱하면, 그 값은

$$1+2+3=\textcircled{6}=1\times2\times3$$

이므로, 6은 바로 현실의 수세계에서 3과 9 사이에 있는 최초의 완전수이다.

숫자 3에 대하여, 좀더 살펴보자. 태양, 보름달 등과 같이 아름다움의 표상인 원을 3등분 하는 과정에서, 다음 그림에서와 같은 ▽(불안정)과 △(안정)을 동시에 얻는다.

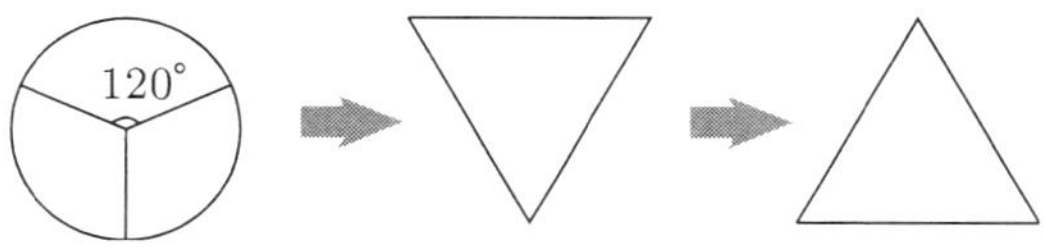

이러한 의미에서 3은 두 대립 개념을 동시에 갖는 조화로운 수이다. △의 꼭짓점과 변의 개수도 3 이고, △≡○라는 의미에서 숫자 3 은 3분법적 완성을 의미한다.

다음으로, 숫자를 재미로 풀어본 이야기에 불과하지만. 이성을 상징하는 숫자인 6과 9에 대해서 살펴보자.

현실의 삶(3)을 살아가는 모든 동물과 식물이 다음 세대를 존속시키고 이어가기 위해서는 암수의 결합이 필요하다. 69는 이러한 생물들의 암수가 합체하고 있는 것처럼 보인다. 女여와 子남의 결합인 호好와는 달리, 숫자 6과 9의 만남은 다음과 같이 완전한 원으로서 대칭적인 결합을 나타낸다고 할 수 있다.

69 + ○ = (69)

그러므로 69의 기호 표현적 의미는 서로 다른 이성과의 만남과 동시에 완전한 조화를 상징한다. 반면에 96은 헤어짐을 나타낸다. 연산 (÷ + + + ×)과 순서가 서로 역관계에 있는 연산 (÷ − − − ×)에 숫자 3을 차례로 적용해보면, 다음의 상호 관계식이 성립함을 쉽게 관찰할 수 있다.

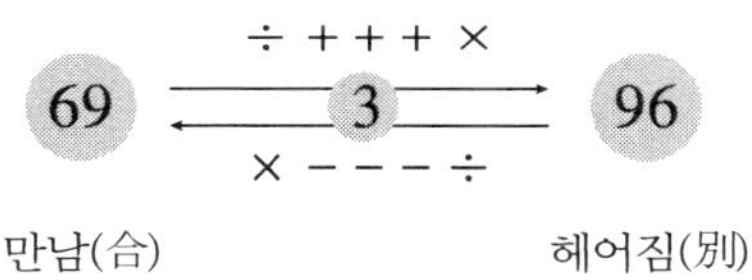

다시 말하면, 6과 9를 180도 회전하면 각각 9와 6이 된다. 즉, 각각 180도 회전은 완전한 대립으로 헤어짐(96)을 나타낸다. 예로, ▷ · ◁ 가 만남을 의미한다면 180도 회전한 ◁ · ▷ 은 서로 등을 맞대고 있으므로 헤어짐을 의미한다.

▷·◁ (만남) 180° 회전 ◁·▷ (헤어짐)

이와 같이, ▷를 180도 회전하면 ◁가 되듯이, 기호로서의 6과 9도 회전이동으로 일치됨을 알 수 있다. 그리고 6과 9의 두 거울상은 각각 ∂와 ℮이다. 이러한 의미에서 이 네 가지 기호의 조합을 다음과 같이 나타낼 수 있다.

동성		이성	
만남	헤어짐	만남	헤어짐
6∂ ℮9	∂6 9℮	69 ℮∂	96 ∂℮

아울러 생물의 암수를 나타내는 6과 9의 곱은 $6 \times 9 = 54$이므로, 이들은 이웃하는 두 수 5와 4를 낳는다.

인간의 뇌는 좌뇌왼쪽 두뇌와 우뇌오른쪽 두뇌로 나뉘어져 있는데, 이들은 신경다발을 통하여 정보를 전달하고 교환함으로써 하나의 통일체로 움직이고 있다. 각 개인은 어느 쪽 뇌를 더 많이 사용하는가에 따라 그의 특성이 달라지는데, 좌뇌를 더 많이 사용하면 좌뇌형, 우뇌를 더 많이 사용하면 우뇌형, 좌·우뇌를 골고루 사용하면 좌우균형형이라고 한다. 물론 좌뇌와 우뇌의 한쪽만을 완전히 사용하는 사람은 없다.

미국 심리학자 테드칸 박사는 좌뇌형 및 우뇌형 사람들의 특성을 다음과 같이 설명하고 있다.

유형	좌뇌형	우뇌형
특징	• 학업성적이 우수하고, 승부근성이 있다. • 논리적이고 합리적이다. • 순서를 정하여 일을 한다. • 동요하지 않고 남에게 잘 속지 않는다. • 자신 있는 한 가지에 전문성을 가지려고 노력한다. • 세부사항까지 기록하고 기억하여 사실과 현재를 중시하며 미래에 대한 가정과 상상을 싫어한다. • 사실적인 법 적용을 선호한다. • 사람과의 관계를 피하여 친구가 많지 않지만 일단 사귀면 오래 간다.	• 감정이 앞서기 때문에 다혈질이며 급하다. • 결정이 빠르기 때문에 잘 속는 편이다. • 상상력을 동원하여 창의적인 아이디어가 넘친다. • 숫자나 단어보다는 이미지로 형상화하여 잘 외운다. • 미래를 내다보고 현재를 긍정하며 과거에 집착하지 않는다. • 철학이나 종교에 심취한다. • 늘 감사하는 마음을 가지고 주변에 베풀려고 한다. • 사람들에게 일을 잘 시키고 리더십과 인간관계가 좋다. • 공간 인식능력, 물건의 기능 파악에 뛰어나다.

또한 좌뇌형은 질서와 안정을 좋아하며, 주어진 제도에 조화하며 기꺼이 규칙을 준수하지만, 우뇌형은 주어진 틀에 얽매이는 것을 싫어하고 변화를 추구하며 특이하고 색다른 것을 좋아한다. 스포츠 활동에서 좌뇌형은 경쟁에서 이기는 것을 좋아하다보니 승패와 비교가 있는 스포츠를 즐기지만, 우뇌형은 스포츠를 오락과 휴식으로 간주하여 경기 자체를 즐긴다. 일에 있어서 좌뇌형은 일의 결과를 중요시하는 반면, 우뇌형은 일 그 자체를 즐긴다. 대화에 있어서 좌뇌형은 언어를 정확히 사용하고 자신의 견해를 논리 정연하게 표현한다.

인간의 뇌에는 우뇌와 좌뇌가 있어서 서로 역할을 분담하며 조화를 이룬다. 뇌를 연구하는 학자들 중에는 일반인의 경우, 일생동안 뇌기능의 90%는 사용하지 못한다고 주장하는 이들도 있다. 사람들은 자신이 좌뇌 혹은 우뇌 중 어느 쪽으로 기울여 있는지에 관심을 가진다. 학생들을 교육할 때도 좌뇌형인지 우뇌형인지를 구분하여 균형과 조화를 이룰 수 있도록 지도한다면 바람직한 교육이 될 수 있을 것으로 생각한다.

그리고 좌뇌형 및 우뇌형의 사람에게 적합한 직업에 대해서는 다음과 같이 소개하고 있다.

유형	좌뇌형	우뇌형
직업	실험실 과학자, 연구원, 발명가, 물리학자, 나노공학자, 생명공학자, 약사, 간호사, 의사, 은행가, 회계사, 세무사, 판사, 변호사, 수학가, 생물학자, 도서관 사서, 등	환경보호주의자, 동물보호가, 정치인, 기업인, 사회사업가, 스포츠인, 예술가, 연기인, 몽상가, 음악가, 코미디언, 소설가, 종교인, 무속인 등

스물네 번째 이야기

전통놀이와 수학

전통놀이에는 그 자체가 수학은 아니더라도 수학적 개념이 내포되어 있다. 전통놀이를 통한 수학적 상황은 혹시 잘못되더라도 즉각적인 수정이 가능하다. 따라서 불안하거나 다시 도전하지 못하는 것이 아니라, 놀이를 하면 할수록 흥미를 가지고 좋아하게 된다. 여기서는 우리의 전통놀이인 윷놀이, 술래잡기 및 자치기 등에 묻어있는 수학적 개념에 대해 알아본다.

먼저, 정초부터 정월 대보름 사이에 가정이나 마을에서 여럿이 함께 즐기는 윷놀이에 대해서 살펴보자.

윷놀이는 한 뼘 남짓한 길이의 곧고 둥근 막대기를 둘로 갈라서 만든 4개의 윷으로 즐기는 놀이이다. 영어의 D자 모양의 윷을 굴러서, 셋이 엎어지고 하나가 젖혀지면 '도', 둘이 엎어지고 둘이 젖혀지면 '개', 하나가 엎어지고 셋이 젖혀지면 '걸', 넷이 다 젖혀지면 '윷', 넷이 다 엎어지면 '모'이다. 윷의 기원은 명확하게 알 수는 없으나 조선초기의 문집 〈사희〉에 윷에 관한 기록이 있는 것으로 보아 오래 전에 전래된 놀이로 보인다. 도, 개, 걸, 윷, 모는 부여의 관직명과 흡사하여 이때부터 유래된 것으로 보는 이도 있다. 한편, 가축의 이름을 딴 것으로, 도는 돼지, 개는 개, 걸은 양, 윷은 소, 모는 말을 가리킨다고도 한다.

윷놀이에서의 수학적 개념을 찾아보자. 도, 개, 걸, 윷, 모 각각의 점수는 1, 2, 3, 4, 5이다. 이는 과학적인가? 윷의 형태에 따라 다소 다를 수 있지만, D자 모양의 윷은 비대칭적으로 되어 있어서 엎어지는 것이 젖혀지는 것보다 오히려 확률이 낮다고 한다. 그렇다면 걸보다 도가 되기 어려우므로 과학적인 윷의 배점은 걸, 개, 도, 윷, 모의 순서로 하는 것이 옳을 것이다. 그러나 무엇보다도 윷놀이의 묘미는 윷말을 쓰는 작전에 있다. 왜냐하면 작전에 따라 윷놀이의 승패가 좌우되기 때문이다. 이에는 수학적 확률 개념과 윷놀이를 함께 하는 같은 편의 게임 성향은 물론, 상대편의 게임 성향도 정확히 알아야 한다.

다음으로, 술래잡기에 대해 살펴보자.

술래라는 말은 원래 순라가 변형된 말로써 통행금지 시간을 위반한 사람을 잡던 순라꾼에서 유래되었으며, 숨바꼭질이라고도 한다. 술래는 적당한 곳을 집으로 정하고 그곳에서 손으로 눈을 가린 채 정해진 수를 세기도 하고, "무궁화 꽃이 피었습니다."를 여러 번 반복하기도 한다. 술래가 수를 세는 동안 나머지 사람들이 적당한 곳에 재빨리 몸을 숨기면, 술래는 수를 모두 센 다음에 숨어 있는 이들을 찾는다. 숨어 있던 사람이 술래보다 먼저 달려가 집을 손바닥으로 짚으면, 다음에도 숨을 자격이 부여되지만 술래가 숨어 있던 사람의 이름을 부르고 먼저 달려가 집을 짚으면 다음 번에는 술래를 면하게 된다. 술래가 숨어 있는 이들을 하나도 찾지 못하거나(이때는 "못 찾겠다. 꾀꼬리!"라고 외침) 숨어 있던 사람이 모두 술래보다 먼저 집을 짚게 되면, 거듭 술래를 하여야 한다. 술래에게 발견된 사람이 많을 경우에는 제일 먼저 발견된 사람이 술래를 하거나 가위, 바위, 보로 술래를 정한다.

이 놀이는 언제든지 할 수 있으나, 저녁 때나 달밤이 제일 좋다. 숨은 사람이 눈에 잘 띄지 않고 좀 어두우니까 얼굴을 분간하지 못할 때가 있어서 더욱 재미있다. 술래잡기 이외에도 이를 응용한 병신술래잡기, 깡통차기 등이 있다. 이 놀이는 기동성 있는 이들의 놀이로서 자기 몸을 최대한 숨기고, 숨은 사람을 찾으려는 최대한의 지력, 탐색 및 탐구하는 자세가 엿보이는 놀이다.

술래잡기 전통놀이에서 우리는 다음의 수학적 개념을 찾아볼 수 있다. 먼저, 술래가 수를 세는 과정에서 수 개념이 형성될 수 있으며, 술래를 가위, 바위, 보나 다른 방법으로 정할 때 경우의 수나 확률 개념이 들어 있다. 그리고 술래가 "어디에 숨어 있을까?" 하고 생각하는 것은 역으로, "나라면 어디에 숨을까?" 하는 일대일 대응사상과 관련된다. 또한 숨은 사람의 신체의 일부분으로 누구인지를 알아야 하므로 수학적 추정 개념도 함께 들어 있다.

마지막으로, 또 다른 전통놀이인 자치기를 살펴보자.

자치기는 '자'와 '치기'의 합성어로 자로 치는 놀이라 해서 붙여진 이름이다. 땅바닥에 금을 긋거나 홈을 파서 집을 정하고, 두 편으로 나누어 공격자가 집에서 긴 막대기로 짧은 막대기를 쳐서 날려보내면, 수비 측은 이를 받아서 집으로 던지면서 놀이를 즐긴다. 넓은 장소와 길고 짧은 막대기 2개만 있으면 어느 때나 쉽게 놀이를 할 수 있어서 옛날부터 어린이들이 많이 즐겼던 놀이다.

자치기는 길이가 60센티미터 가량의 큰 자와 10센티미터 가량의 작은 자를 이용하는데, 놀이 방법은 지역에 따라 조금씩 다르다. 대개는 작은 구멍을 파고 구멍 위에 작은 자를 가로로 걸쳐놓고 큰 자로 이를 띄어 날린다. 이때 수비 측이 날아오는 작은 자가 땅에 떨어지기 전에 받으면 실격이 되고 공격과 수비가 바뀐다. 그러나 받지 못했을 경우에는 수비 측이 작은 자가 땅에 떨어진 자리에서 구멍을 향해 던지면, 공격자는 들고 있던 큰 자로 되받아 친다. 작은 자가 떨어진 자리에서 구멍까지의 거리를 큰 자로 재어 그 횟수를 득점으로 가산하며 득점은 많을수록 좋다. 그러나 반드시 거리만으로 득점하는 것은 아니다. 공격자가 나름대로 "몇 자다!" 하고 외치면 수비 측에서 타당하다고 인정하면 그대로 득점에 가산하고, 만약 부당하다고 인정되면 재어보자고 제의하여 큰 자로 재는데, 이때 선언한 수보다 부족하면 무효가 되어 득점하지 못하게 된다. 이 놀이는 두 팀이 미리 정한 자의 횟수에 먼저 도달하는 편이 이긴다.

이 놀이에도 여러 수학적 개념이 묻어 있다. 놀이를 이기려면 정해진 자수 또는 점수를 먼저 얻어야 하는데 이를 위해서는 정확한 거리의 추정과 확인이 요구된다. 공격자가 작은 자가 날아간 거리를 말할 때, 거리를 초과하지 않는 가장 많은 자수를 말해야 하는데, 너무 많이 부르면 수비 측의 제안으로 자로 재워보아 부족하면 무효가 되어 얻을 수 있는 점수를 모두 놓치게 되고, 반면에 지나친 안전을 위해 너무 적게 자수를 부르면 더 많은 점수를 얻을 수 있음에도 손해를 보기 때문이다. 그러나 무엇보다 얻은 점수의 합산이 중요하다. 여러 번의 점수를 합하여 정해진 자수를 얻어야 하므로 정확한 더하기 능력이 요구된다.

여기서는 수학적 개념이 묻어 있는 세 가지 전통놀이를 소개하였지만, 끝말잇기 게임을 통해 우리말 어휘력을 신장할 수 있듯이, 스마트폰을 이용한 각종 게임을 통해서도 수학적 문제를 흥미롭게 해결할 수 있는 다양한 방법들이 있을 것이다. 아울러 최근에는 스토리텔링이 수학교육의 키워드가 되고 있다. **스토리텔링**이란 story스토리+telling텔링의 합성어로 '이야기하다'라는 의미를 지닌 영어단어로, 문학, 영화, 교육학 등에서 사용하던 말이었으나, 최근에는 광고, 홍보, 영업, 출판 등에서도 광범위하게 사용되고 있다.

기존의 수학학습 방법은 개념이나 공식을 암기하여 수학 문제를 해결하는 계산능력 위주의 수학을 중요시한 부분이 있었는데, 이러한 암기 위주의 수학학습 방법은 결과적으로는 학생들에게 수학에 대한 흥미와 관심을 떨어뜨리는 요인이 되기도 하였다. 최근에는 이러한 수학교육의 한계를 벗어나기 위하여 스토리텔링 수학교육 방법을 도입하였다. 스토리텔링 수학이란 실생활과 관련된 수학 이야기나 수학사 및 수학자 등에 관한 다양한 소재를 활용하여 수학을 구체적으로 접하고 적용할 수 있도록 하여 자연스럽게 수학에 대한 필요성과 흥미를 느끼게 하는 학습방법을 말한다. 학생들은 이러한 학습과정을 통하여 수학이 왜 필요한지, 어떻게 활용되는지를 생활 속에서 쉽게 발견할 수 있게 된다. 초등학교 저학년의 경우, 한글에 대한 이해와 언어 구사 능력이 부족한 상태에서 이해하기 어려운 수학 관련 이야기는 오히려 수학 학습에 역효과를 가져올 수도 있음을 고려해야 할 것이다.

제4편

쓰임새 있는 수학

스물다섯 번째 이야기

태양력과 사라진 날들

태양력은 해를 움직임을 중심으로 생겨난 역법으로, 태양력의 기원은 이집트로 알려져 있다. 고대 이집트에서는 일찍부터 나일 강이 범람할 때면 동쪽 하늘의 일정한 위치에 시리우스큰개자리별가 나타난다는 사실을 알고 태양력을 만들었다. 기원전 18세기경, 이집트인들은 1년을 365일로 하고, 30일로 이루어진 12달과 연말에 5일을 추가로 더하여 달력을 만들었다.

그 후, 시리우스와 태양의 관계를 좀더 정확히 관측하여 1년이 365.25일이라는 것을 알게 되었다. 이에 따라, 유럽 여러 나라들은 로마제국의 군인이며 정치가인 율리우스 카이사르의 명령으로 만들어진 율리우스력을 1000년 이상 사용하였는데, 0.25일은 하루가 되지 못하므로, 율리우스력에는 4년마다 1일을 더한 윤년을 시행하였다. 카이사르가 달력을 만들 당시, 그에 참여한 전문가들은 1년의 길이가 잘못 계산되었음을 알고 있었다고 한다. 그들의 계산에 의하면 1일의 정확한 길이는 그들이 정한 길이보다 11분이 더 길었던 것이다. 그 차이로 인해 서기 325년에 이르러는 4일이라는 날짜의 차가 나게 되었다. 이러한 오차는 낮과 밤의 길이가 같아지는 춘분과 추분의 날짜로 알 수 있었다. 즉, 율리우스력에 따르면 3월 25일이 춘분이어야 했음에도 4일이 앞서는 3월 21일에 춘분을 맞게 되었던 것이다.

이러한 오차의 정정을 위해 로마의 그레고리우스 13세는 그레고리력이라는 새로운 달력을 1582년에 만들게 하였다. 그레고리력은 4년마다 윤년을 두는 것은 예전과 다름이 없으나 100으로 나누어지는 해는 윤년으로 하지 않고, 400으로 나누어지는 해는 윤년으로 하는 복잡한 역법을 사용하게 되었다. 이 새로운 달력은 1만년에 3일밖에 틀리지 않아 실용상 큰 지장을 주지 않게 되었으며, 현재 우리가 사용하고 있는 달력의 기준이 되었다.

그럼 수천 년 전 고대인들의 시간은 어떻게 측정하였는지 살펴보자.

천체 현상은 매우 뚜렷한 규칙성을 가지고 있어서 이를 관측함으로써 정확한 주기들을 구할 수 있는데, 고대 이집트인들은 시리우스가 해뜨기 직전에 보이는 날짜와 시간을 표시해 두었다가 똑같은 시간에 시리우스가 보이는 날이 1년이 되는 날임을 알았다. 또한, 막대기노몬, gnomon로 해 그림자를 측정하여 시간을 측정하였다. 즉, 해 그림자를 이용하여 정남의 방향을 정한 다음, 해가 정남에 위치할 때의 해 그림자를 1년 내내 계속적으로 관측하면, 다음 쪽 그림과 같이 최소에서 최대까지 그림자가 규칙적으

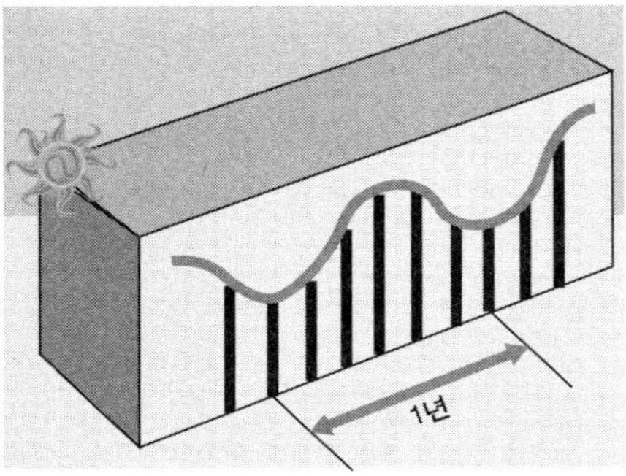

로 변하는 것을 알 수 있었다. 이때 태양의 그림자가 가장 짧은 때가 하지이고 가장 긴 때가 동지이다. 이론상으로 해 그림자가 가장 짧은 두 날짜를 알아내면, 이 두 날짜의 간격으로 1년의 기간을 알 수 있었다.

태양력에서 "왜 2월은 28일까지이고, 8월은 31일까지인가? 그리고 왜 어떤 날은 역사 속에서 사라지고 없는 것인가?" 이는 자신의 생일이 속한 달을 하루씩 늘린 로마 황제들의 고집과 부활절을 맞추기 위해 날짜를 건너뛰었기 때문이었다. 이에 대하여 좀더 상세하게 알아보자.

고대 서양에서는 한해가 시작하는 날을 춘분으로 하였기 때문에 춘분이 속한 달을 1월로 정한 반면에, 중국은 동지가 속해 있는 달을 한해의 시작으로 하였다. 율리우스의 집권시대인 기원전 46년, 알렉산드리아의 천문학자인 소시게네스의 조언으로 365일을 1년으로 하는 율리우스력을 만들었다. 새로 만든 율리우스력과 계절 사이에는 90일의 차이가 있었으므로, 23일과 67일인 두 윤달을 넣어 계절을 맞추었다. 즉, 새 달력을 계절에 맞추기 위해 기존의 1월을 3월로 하고 그 앞에 두 윤달을 추가하여 두 달씩 미루었던 것이다. 이 달력에서는 홀수 달은 31일, 짝수 달은 30일로 하되 평년을 365일로 맞추기 위해 2월을 하루 더 줄여 29일윤년은 30일로 하였다. 그런데 율리우스는 자신의 생일이 7월이었으므로, 자신의 권위를 세우기 위해 7월의 본래 이름인 퀸틸리스Quintilis를 자신의 이름에 따라 율리July로 개칭하였다.

율리우스가 브루투스에게 시해된 후, 아우구스투스가 로마의 황제로 등극하였다. 그도 율리우스를 본받아 트라키아와의 전쟁의 승리를 기념하기 위해 그의 생일 달인 8월의 본래 명칭인 섹스틸리스Sextilis, 제6번째 달의 뜻를 아우구스투스Augustus라고 바꾸었다. 더욱이 황제인 자신의 달이 다른 달보다 적으면 황제로서의 권위가 서지 않는다고 하여 2월에서 하루를 더 줄여 8월을 31일로 바꾸었다. 이에 따라, 1월에서 7월까지는 홀수 달이 큰 달, 8월부터 12월까지는 짝수 달이 큰 달이 되었으며, 평년의 경우 2월은 28일로 바뀌었다. 그 후, 악명 높은 네로 황제도 4월을 자신이 태어난 달이라 하여 네로네우스Neroneus로 바꾸었으나, 그의 사후에 다시 본래 명칭으로 되돌렸다고 한다.

또한, 당시 유럽의 국가들은 기독교를 국교로 삼고 있었는데, 종교 행사 중에서 특히 부활절은 중요시하였다. 그런데 부활절이 춘분이 지난 첫 보름의 다음 일요일로 정해져 있어서, 춘분을 앞당기게 되면 부활절도 앞당겨지게 된다. 이에, 그레고리 13세는 부활절을 원래 일자로 되돌려 놓기 위해 윤년을 조정하였다. 즉, 400년 동안의 윤년을 4의 배수로 하여 100회로 하였던 것을 97회로 바꾸어 1태양년의 길이는 365.2425일로 거의 정확하게 되었다. 그리고 춘분을 부활절 제정 당시의 날짜인 3월 21일로 되돌려놓기 위해서 1582년 10월 4일 목요일의 다음날을 1582년 10월 15일 금요일로 변경하였다. 그래서 1583년부터는 춘분이 3월 21일로 맞추어졌지만, 1582년 10월 5일부터 14일까지의 날짜는 존재하지 않는 날이 되어버렸다. 우리나라에서는 1895년 음력 9월 9일에 내린 고종황제의 조칙에 의해 그 해의 음력 11월 17일을

1896년 1월 1일로 정하여 그레고리력을 사용하게 되었다.

고대 바빌로니아인들은 행성에 신이 살면서 우리 인간세계를 지배한다고 믿었다. 그 신들은 이 세상에 전쟁과 질병을 일으키고, 가뭄과 기근, 지진과 홍수를 일으키며, 행성들은 인간 개개인의 운명을 결정한다고 생각하였다. 또한 천체는 신성불가침의 곳으로 인식되었기 때문에, 5개의 행성에 태양과 달을 합한 7이라는 숫자를 매우 신성시하였다. 천체들은 1일부터 7일까지 순서대로 토성의 날토요일, 태양의 날일요일, 달의 날월요일, 화성의 날화요일, 수성의 날수요일, 목성의 날목요일, 금성의 날금요일을 지배한다고 믿었다. 이러한 고대 바빌로니아의 믿음이 후에 기독교에 계승되고 현대까지도 이어져 요일의 순서로 고정되었다.

이밖에, 고대 마야인들은 다양한 방법으로 날짜를 헤아렸다고 한다. 1년을 360일로 정하고 날마다 일련번호를 정하여 사용하였는가 하면, 1년이 365일인 오늘날의 태양력과 유사한 달력도 있었다. 이 달력에서는 1년은 18개월, 한 달은 20일로 하여 5일을 추가하여 365일을 채우는 방법을 택하였다. 또한 종교 행사를 위한 종교 달력이 별도로 있었는데, 종교 달력은 1년이 260일이었다. 마야력의 특징은 태양과 달의 운행, 행성의 공전주기, 지구와 행성이 나란히 정렬하는 회합주기, 특히 금성의 공전주기와 회합주기를 고려하여 만들었다고 한다. 왼쪽은 마야 달력의 한 예이다.

마야인들은 다음과 같은 그들 고유의 날짜 계산법을 가지고 있었다.

- 1킨kin = 하루(1일)
- 1위날uinal = 20킨(20일)
- 1툰tun = 18위날(360일)
- 1카툰katun = 20툰(7,200일)
- 1박툰baktun = 20카툰(144,000일)
- 대주기 = 13박툰(1,872,000일)

이들의 태양주기 1박툰은 오늘날의 약 394년에 해당되는데, 마야 달력에서 세상의 한 주기는 13박툰으로 이뤄져 있다. 마야의 천문학자들은 자신들이 6번째 태양주기인 6박툰에 살고 있음을 거대한 돌 달력에 기록해두었는데, 고고학자들의 계산에 따르면 기원전 3114년에 시작한 대주기가 끝나는 때는 2012년 12월 21일이었다. 이러한 마야 달력상의 태양주기가 종말론으로 탈바꿈하여 야단법석을 떨기도 하였다. 이는 매년 12월 31일이 지나면 새해가 시작되는 것과 같은 이치에 불과한데도 말이다.

스물여섯 번째 이야기

태음력과 24절기

달력은 공표proclamation라는 라틴어에서 유래되었다. 이는 로마의 사제들이 새로운 초승달이 하늘에 나타나는 밤을 새로운 달이 시작하는 날로 공표하였기 때문이다. 이와 같이 달의 움직임을 중심으로 생겨난 역법이 태음력이다.

태음력에서는 좀더 정확한 1년의 길이를 얻기 위해서 끊임없이 노력하였다. 그 결과 얻어진 새로운 값은 곧바로 새로운 달력에 반영하였다. 실제로 태음력이 만들어진 이후 지금까지 태양력은 몇 차례밖에 바뀌지 않았으나, 태음력은 지속적으로 새로운 역법이 제시되었으며 그 종류는 지금까지 거의 100여 가지에 달한다. 다음 표는 태음력에서 사용한 시대별 대표적인 역법과 1년의 길이를 나타낸 것이다.

시기(주관자명)	달력명	1년의 길이(일)
춘추전국시대	사분력	365.2500
206년(유홍)	건상력	365.2462
463년(조충지)	대명력	365.2428
822년(서앙)	선명력	365.2446
1199년(양충보)	통천력	365.2425
1281년(곽수경)	수시력	365.2425
1644년(탕약망)	시헌력	365.2422

태음력은 계절의 변화와 연관이 없는 달의 운행을 보고 날짜를 정하였기 때문에 음력만으로는 계절의 변화, 즉 해의 위치를 알 수 없다. 따라서 이러한 문제를 해결하기 위하여 별도의 24절기를 따로 정하여 시행하였다. 처음에는 1년을 24등분 하여 24절기를 표시하였으나, 6세기경 천문학자 장자신은 천문 관측을 통해 태양의 운행속도가 일정하지 않다는 사실을 발견했다. 즉, 태양의 운행속도가 여름에는 겨울보다 약간 늦다는 것을 알게 되었다. 따라서 24절기의 간격을 계절에 따라 조금씩 차이를 두어야 했으며, 이는 8세기경 일행이 만든 대연력에 반영되었다.

24절기의 기준이 되는 황도좌표계는 황경과 황위로 천체의 위치를 표시하는 좌표계를 말한다. 오른쪽 그림은 황도좌표계를 나타낸 것으로 그림에서 황경은 황도상에서 춘분점에서 동쪽으로 잰 각(0~360도) λ를, 황위는 황도상에서 황도의 북극에서 남극으로 잰 각(0~±90도) β를 뜻한다. 이러한 황도

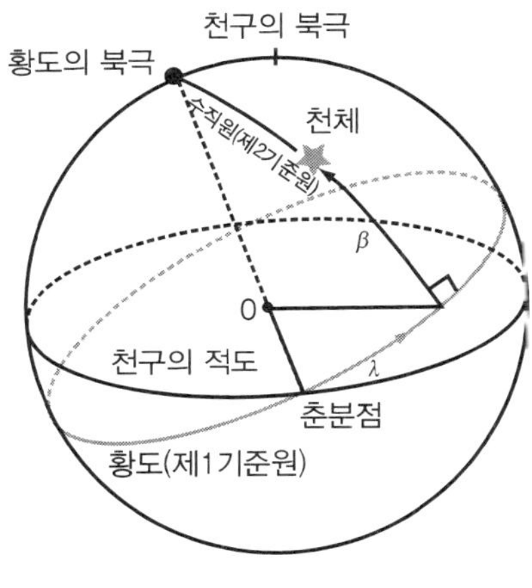

좌표계는 지구의 공전궤도면과 천구면이 만나서 만드는 황도를 기준으로 태양계 내의 행성들의 위치를 표시하는 데 편리하다. 천문학적으로 태양의 황경이 0도인 날을 춘분으로 시작하여 15도 간격으로 24절기를 나누었다. 이때 하지는 황경이 90도, 추분은 황경이 180도, 동지는 황경이 270도인 날로 하였으며, 춘분에서 하지 사이를 봄, 하지에서 추분 사이를 여름, 추분에서 동지 사이를 가을, 동지에서 춘분 사이를 겨울이라 하여 사계절의 기본으로 삼았다.

다음 쪽의 표는 24절기의 일자와 의미 또는 내용을 나타낸 것이다. 이 24절기는 중국의 계절현상을 기준으로 하였기 때문에, 우리나라 기후에 꼭 들어맞지는 않는다. 또한, 음력의 경우 24절기의 일자가 매년 조금씩 달라지므로, 음력 날짜가 계절과 차이가 많이 나는 경우에는 3년마다 윤달을 넣어 계절에 맞도록 조정하고 있다. 태양력을 사용하는 오늘날에도 농촌에서는 관습적으로 계절의 변화를 확인하는 데 24절기를 널리 사용하고 있다. 앞에서 언급한 24절기 이외에도 우리나라에서는 오래전부터 한식, 단오, 삼복, 추석 등의 절기를 지켜왔다.

한식은 양력 4월 5, 6일경으로, 동지로부터 105일째 되는 날이다. 이날은 국가적인 행사로 종묘와 능원에 제향을 올리고, 각 가정에서는 성묘를 한다. 한식은 중국 풍습의 하나로, 매년 이날은 풍우가 심하기 때문에 불을 금하고 찬밥을 먹게 되었다는 설과 진나라의 현인 개자추가 산에서 타죽자 이를 애도하는 뜻으로 이날만은 불을 금하고 찬 음식을 먹게 되었다는 두 가지 유래가 있다.

절기명	일자(양력)	의미 또는 내용
입춘(立春) 우수(雨水)	2월 4일경 2월 19일경	봄이 시작되는 날 눈이 비로 변하고 얼음이 녹아 물이 됨
경칩(驚蟄) 춘분(春分)	3월 6일경 3월 21일경	겨울잠을 자던 동물들이 깨어나기 시작 낮과 밤의 시간이 같은 날
청명(淸明) 곡우(穀雨)	4월 6일경 4월 20일경	날씨가 화창하여 나무를 심기에 적당한 시기 여러 가지 작물의 싹이 트고 농사가 시작
입하(立夏) 소만(小滿)	5월 5일경 5월 21일경	여름이 시작되는 날 햇볕이 충만하고 만물이 자라서 가득함
망종(芒種) 하지(夏至)	6월 6일경 6월 21일경	보리나 벼 등의 곡식의 씨를 뿌리는 시기 북반구에서 낮 시간이 가장 긴 날
소서(小暑) 대서(大暑)	7월 7일경 7월 23일경	차츰 더워지기 시작함 더위가 극도에 달함
입추(立秋) 처서(處暑)	8월 7일경 8월 23일경	가을이 시작되어 서늘한 바람이 붐 더위가 멈춤
백로(白露) 추분(秋分)	9월 8일경 9월 23일경	가을 기분이 들기 시작 낮과 밤의 시간이 같은 날
상강(霜降) 한로(寒露)	10월 8일경 10월 23일경	찬이슬이 맺히기 시작 밤 기온은 서리가 내릴 정도로 매우 낮아짐
입동(立冬) 소설(小雪)	11월 7일경 11월 22일경	겨울이 시작되는 날 땅이 얼기 시작하고 조금씩 눈이 내림
대설(大雪) 동지(冬至)	12월 7일경 12월 22일경	눈이 많이 내리는 계절 북반구에서 밤 시간이 제일 긴 날
소한(小寒) 대한(大寒)	1월 5일경 1월 20일경	본격적으로 추워지기 시작함 겨울의 매듭을 짓는 절후로 추위의 절정기

단오는 음력 5월 5일이며, 단양, 중오절, 천중절 또는 수릿날이라고도 한다. 예로부터, 풍작을 기원하는 제삿날로 절편을 만들어 먹었으며, 여자는 창포물에 머리를 감고 그네뛰기를 하고 남자는 씨름을 하던 풍습이 있다.

삼복은 더위가 시작되는 날로 소서 뒤에 초복양력 7월 20일경, 대서 뒤에 중복양력 7월 30일경, 입추 뒤에 말복양력 8월 9일경이 온다. 복날에는 더위를 이기는 음식인 삼계탕이나 개고기 등을 먹었다.

추석은 음력 8월 15일로 중추절 또는 한가위라고도 한다. 신라의 가배에서 유래하며, 햅쌀로 송편을 빚어 차례를 올리고 벌초와 성묘를 한다. 추석은

더도 말고 덜도 말고 한가위만 같아라.

는 말을 떠오르게 하는 우리나라 최대의 명절이다.

이슬람 달력은 태음력으로 홀수 달은 30일, 짝수 달은 29일로 구성되어, 1년은 354일이었다. 30년 동안 11회, 즉 2, 5, 7, 10, 13, 16, 18, 21, 24, 26, 29년에 윤년을 두었으며, 윤년에는 연말에 하루를 추가하였다. 이슬람력의 1년은 태양력인 그레고리력에 비해 11일이 짧으므로, 태양력보다 11일이나 빨리 다음 해가 온다. 매년 11일의 차이는 매우 커서 33년이 지나면 약 1년이 된다. 따라서 나이를 말할 때, 33세인 이슬람교도는 실제로는 32세이며, 66세는 64세에 해당된다.

이밖에, 미국의 천문학자인 토머스 강게일은 미래에 화성에서 사용할 화성달력을 고안했는데, 1년은 24개월, 한 달은 28일로 이루어져 있다. 이 달력의 기원은 바이킹 1호가 화성에 최초로 착륙한 1976년 7월 20일로 정했다. 화성달력으로 이날은 0년 제8월 첫째 토요일이다. 화성달력에서의 요일은 일요일태양의 날, 월요일달의 날, 여기서 달은 화성의 위성인 포보스를 뜻함, 지요일지구의 날, 수요일수성의 날, 목요일목성의 날, 금요일금성의 날, 토요일토성의 날로 정하였다. 화

성의 자전속도는 지구와 다르므로, 지구에서 사용하는 시간의 단위는 화성에서 맞지 않는데, 화성에서의 1분은 지구에서의 100초에 해당된다.

다음으로, 24절기 중에서 특별한 의미를 가지는 몇 가지 절기에 대해 구체적으로 살펴보자.

- 입춘은 봄이 시작되는 날로, 가정에서는 콩을 문이나 마루에 뿌려 악귀를 쫓고, 대문기둥, 대들보, 천장 등에 좋은 글귀를 써서 붙이기도 하였다. 마을에서는 공동으로 입춘 굿을 하고 농사의 기초인 보리 뿌리를 뽑아 풍년과 흉년을 점치기도 하였다.
- 경칩에는 겨울잠을 자던 동물들이 깨어나기 시작하며, 보리싹의 성장을 보고 그 해 농사의 풍흉을 가늠하였으며, 건강에 좋다며 개구리나 도롱뇽의 알을 먹는 풍습이 있었다. 또한 1년 동안의 빈대를 모두 잡기 위해 흙담을 쌓거나 물에 재를 타서 그릇에 담아두기도 하였다.
- 곡우에는 봄비가 내려 여러 가지 작물에 싹이 트고 농사가 시작된다. 나무에 물이 가장 많이 오르는 시기로, 사람들은 곡우 물을 먹으러 깊은 산이나 명산을 찾기도 한다. 수액을 받기 위해 나무에 홈을 파고 통을 매달아 놓은 것을 간혹 볼 수 있다.
- 망종은 논보리나 벼 등 까끄라기가 있는 곡식의 씨를 뿌리는 시기이다. 이 시기가 끝날 때까지 밭보리를 수확해야 하는 등 농사일이 가장 바쁜 시기이다. 밤이슬을 맞은 보리를 먹으면 1년 동안 허리가 아프지 않고, 보릿가루로 죽을 끓여 먹

으면 배탈이 없다는 풍습이 있다. 망종이 일찍 들면 보리농사에 좋고 늦게 들면 나쁘다 하여 망종의 시기로 풍작과 흉작을 점치기도 하였다.

- 하지는 태양의 황경이 90도로 12시에 태양이 가장 높게 있어서 북반구에서는 낮 시간이 가장 길고, 일사량과 일사시간도 가장 많다. 햇감자가 나오고, 이 시기가 지날 때까지 비가 오지 않으면 마을마다 기우제를 올리기도 하였다.
- 소서부터는 차츰 날씨가 더워지고, 우리나라에서는 장마전선이 걸쳐 있어 습도가 높고, 비도 많이 온다. 농사에 쓸 퇴비를 준비하고 논두렁에 자란 잡초를 뽑는다. 대서가 되면, 더위가 극도에 달하고 대개 중복이 겹치며, 비가 자주 온다.
- 처서는 더위가 멈춘다는 뜻으로 날씨가 서늘해지기 시작하고 논벼가 익는다. 이때 조상의 묘를 찾아가서 벌초하며, 여름 동안에 습기가 찼던 옷가지와 이불 등을 햇볕에 말린다.
- 추분에는 춘분과 같이 낮과 밤의 길이가 같으며, 추분이 지나면 점차 밤이 길어지므로 계절의 기준이 되기도 한다. 논밭의 곡식을 거둬들이고, 각종 여름 채소들과 산나물 등을 말려두기도 한다.
- 한로에는 찬이슬이 맺히기 시작하여 농촌에서는 추수로 바쁜 시기이다. 예전에는 이때를 전후해 국화전을 지져먹고, 국화로 술을 담갔으며, 잡귀를 쫓아내기 위하여 수유를 머리에 꼽기도 하였다.
- 입동은 겨울이 시작되는 날이다. 각 마을에서는 햇곡식으로 시루떡을 만들어 집안 곳곳에 놓고, 이웃은 물론 농사에 힘쓴 소에게도 나누어주면서 1년을 마무리하는 제사를 올렸다. 또한 각 가정에서는 이날을 기준으로 김장준비를 한다.

- 소설에는 살얼음이 얼며 차차 눈이 내리기 시작한다. 가끔 햇볕이 따뜻해 소춘이라고도 하나, 바람이 몹시 불어 어촌에서는 뱃길을 금하였다. 고려 때 손돌이라는 뱃사공이 왕을 모시고 김포와 강화도 사이에 있는 염하라는 강을 건너는데 갑자기 바람이 불어 풍랑이 심하게 일자 배가 몹시 흔들렸다고 한다. 왕은 사공이 고의로 배를 흔든 줄 알고 사공의 목을 베었는데, 이때부터 이곳을 사공의 이름을 따서 손돌목이라 하였으며, 김포 지역에서는 매년 손돌제를 올린다고 한다.
- 동지는 북반구에서 밤 시간이 가장 길고 낮이 가장 짧은 날로, 추위가 점점 심해지기 시작한다. 이날에는 팥죽을 쑤어 이웃과 나누어 먹고, 집안 곳곳에 놓아 악귀를 쫓았다. 새 달력을 만들어 걸었으며, 뱀 사蛇자가 적힌 부적을 벽이나 기둥에 거꾸로 붙여 놓기도 하였다. 동짓날 날씨가 따뜻하면 다음 해에 질병이 많고, 눈이 많이 오고 추우면 풍년이 든다고 예측하였다.
- 소한부터 본격적으로 추워지며, 대한이 소한 집에 놀러 갔다가 얼어 죽었다는 옛말이 있듯이 우리나라에서는 가장 추운 시기이다. 대한은 겨울의 매듭을 짓는 절후로 추위의 절정기이나, 소한에 얼었던 얼음이 대한에 녹을 정도로 따뜻한 해도 있다. 대한에는 밤에 콩을 땅이나 마루에 뿌려 악귀를 쫓아내고 새해를 맞이하는 풍습이 있었다.

스물일곱 번째 이야기

매듭이론과 알렉산더식 매듭풀기

머리카락의 100분의 1에 불과한 거미줄에 이슬이 미끄러지지 않고 방울져 매달릴 수 있는 이유는 무엇일까? 중국의 과학자들은 2010년 2월 〈네이처〉지에 그 비밀을 발표하였다. 그들은 유럽응달거미의 거미줄을 분석한 결과, 거미줄이 물에 젖으면 일정한 간격으로 가닥의 일부가 꼬여 200마이크로미터 크기의 마름모꼴 매듭이 만들어지고, 이 매듭 때문에 물방울이 맺힌다고 밝혔다.

이와 같이, 매듭은 젖은 거미줄과 같이 자연에서도 찾아볼 수 있지만 실생활에서도 흔히 사용되고 있다. 동·서양을 막론하고 끈으로 매듭을 만들어 아름다운 장식품을 만들거나 밧줄을 매듭으로 묶어 실생활에 사용한 것은 수학의 역사만큼이나 오래되었다. 특히, 우리나라는 매우 다양한 매듭 방법이 전해 내려오고 있는데, 그 특징은 완성된 매듭 모양의 앞면과 뒷면이 같고, 좌우 대칭이 되며, 아무리 복잡한 매듭이라도 중심에서 시작하여 중심에서 끝난다는 것이다. 오랜 역사를 가지고 있는 전통매듭은 조선시대에 가장 왕성하였으며, 지금까지 전승되어 온 매듭의 종류는 헤아릴 수 없을 정도로 많다.

실생활에서 사용하는 매듭은 일반적으로 긴 줄을 꼬아 묶은 것을 말하지만, 수학적 대상의 매듭은 이와는 달리 대롱대롱 매달린 줄의 끝부분이 없는 매듭을 말한다. 즉, 수학적 매듭에서는 줄의 끝부분이 연결되어 하나의 꼬인 고리 모양을 이루고 있다. 매듭이론이 학문으로 시작된 동기는

분자의 화학적 성질은 이를 구성하는 원자들이 어떤 형태로 매듭을 이루고 있는가?

에 달려있다는 켈빈Kelvin의 볼텍스이론에서 출발한다. 오늘날 매듭이론은 DNA와 RNA의 구조 연구와 바이러스의 행동방식을 연구하는 데 중요하게 이용되고 있을 뿐만 아니라, 마술과 어린아이의 지적 발달을 돕는 도구로도 사용되고 있다. 또한 암호이론에도 응용할 수 있을 것이라는 가능성으로 매듭이론은 정보통신과 생명과학 분야에서도 그 활용방법이 다양하게 모색되고 있다.

한 매듭을 자기 자신을 통과하거나 중간을 자르지 않고 매끄럽게 움직여서 다른 매듭으로 바꿀 수 있을 때, 두 매듭은 같은 형태를 지닌다고 말한다. 따라서 매듭 모양은 다르더라도 매듭이론의 관점에서는 같은 종류의 매듭이 될 수 있다. 매듭이론의 중요

한 과제 중의 하나는 매듭 종류를 분류하는 것으로, 수학자들은 이를 위해 많은 노력을 기울여 왔다.

매듭은 교차점 개수에 따라 분류하기도 하는데, 가장 간단한 매듭은 교차점이 전혀 없는 고리와 같은 모양으로 원형매듭이라 부른다. 실뜨기의 경우 여러 모양으로 바꿀 수 있지만, 수학적 매듭으로 볼 때 모두 원형매듭이다. 다음 그림의 매듭들은 모두 끈을 조금씩 움직이면 원형매듭과 같은 매듭이 됨을 알 수 있다.

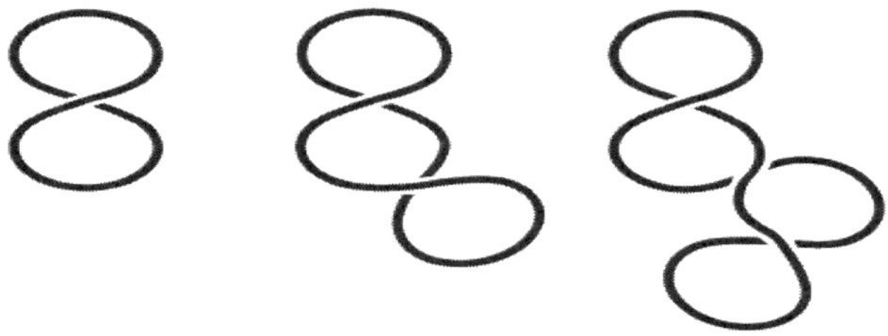

또한, 아래 왼쪽 그림과 같이 끈을 한 번만 묶어서 만들어지는 매듭을 생각해보자. 이 경우, 끈의 양끝은 연결되어 있다고 생각한다. 이는 교차점이 3개인 세잎매듭인데, 세잎매듭에는 아래 오른쪽 두 그림과 같이 두 종류가 있다. 이들은 서로를 거울에 비춘 모양을 하고 있으나, 자르고 붙이는 과정을 거치지 않고는 다른 세잎매듭으로 바꿀 수 없기 때문에 비슷해 보이기는 하지만 서로 다른 종류의 매듭이다.

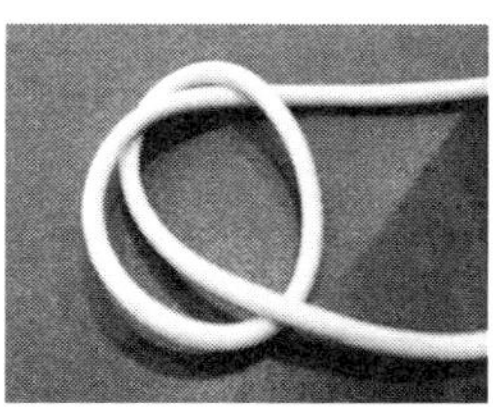

19세기 말, 영국의 수학자 테이트와 리틀은 교차점 수가 10개 이하인 매듭을 대부분 분류하였다. 매듭 종류는 교차점 수가 증가함에 따라 크게 증가하는데, 교차점 수가 9개인 매듭은 수십 가지, 10개인 매듭은 수백 가지가 된다. 최근에는 교차점이 16개 이하인 매듭을 1,701,936가지로 구분하고 있다. 따라서 단순한 방법으로 이들을 분류하는 것은 거의 불가능하다. 실제로 주어진 두 매듭이 서로 다르다는 것을 알기 위해서는 매듭 모양에 따라 변하지 않는 어떤 수학적인 수가 필요하다. 이것을 매듭의 불변량이라고 하는데, 불변량을 구하는 방법은 매듭의 교차점 수, 매듭의 대수적인 구조와 더불어 점화식으로 계산이 가능한 것까지 매우 다양하게 주어진다.

독일의 수학자인 라이데메이스터는 평면 위에 그려진 매듭을 구별하는 방법을 제시하였다. 그는 같은 두 매듭은 아래 그림과 같이 세 종류의 변형(이를 라이데메이스터 변형이라 함)에 의하여 하나로부터 반드시 다른 하나가 얻어진다는 것을 알아내었다. 그러나 매우 간단해 보이는 이 변형을 사용하여 매듭을 구별하는 것은 어렵지만, 매듭으로부터 정의된 양이 불변량임을 증명하는 데 유용하게 사용되고 있다.

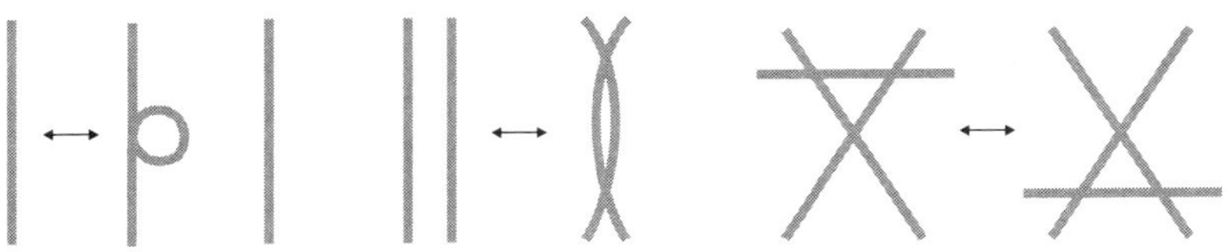

매듭은 교차점 개수에 따라 아래 그림과 같이 분류되고 있다. 예로, 그림에서 6_3은 교차점이 6개인 매듭의 3번째 모양이라는

뜻이다. 분류된 매듭의 이름은 그 모양에 따라 붙여지는데, 3_1은 세잎매듭, 4_1은 8자매듭, 5_1은 오엽매듭으로 불린다.

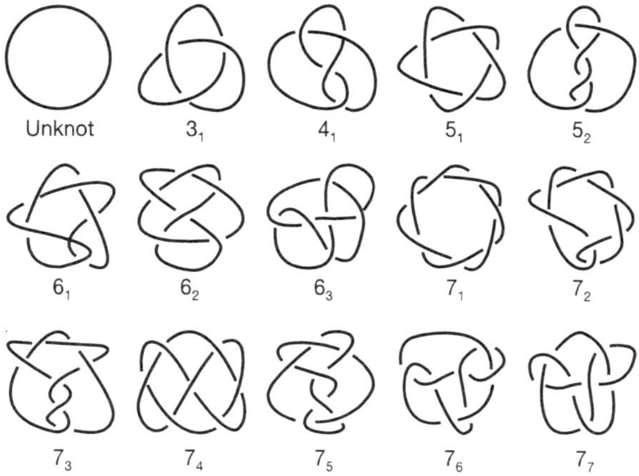

위의 그림에서 분류된 각 매듭을 실제로 만들어보자. 다음은 4_1, 5_2 및 6_1의 매듭을 순서대로 만들어본 것이다. 여기서 끈의 양끝은 붙어 있다고 생각한다.

이제, **고르디온의 매듭**에 관한 이야기를 알아보자.

기원전 4세기 전후는 고대 그리스에서 도시국가 간의 분열과 항쟁이 몹시 심한 시기였다. 기원전 338년, 세력을 확장한 마케도니아 왕 필립포스 2세는 그리스를 침공하여 스파르타를 제외한 그리스 도시국가 전체를 지배하였다. 그러나 필립포스 2세의 아들인 알렉산더는 아버지가 자주 출병하여 영토를 확장하는 일을 별로 좋아하지 않았다. 아버지가 전 세계를 정복하고 나면 자신이 정복할 땅이 없어진다는 이유 때문이었다.

고대 도시 고르디온에는 수레에 묶인 밧줄의 매듭을 푸는 사람이 세상의 지도자가 된다는 전설이 전해 내려오고 있었다. 많은 사람들이 그 매듭을 풀고자 시도하였으나 성공하지 못하였다. 원정길에 고르디온에 들른 알렉산더 대왕은 칼을 뽑아 단칼에 매듭을 끊어버리는 방법으로 매듭을 풀었다고 한다. 이 고르디온의 매듭 이야기는 문제를 간단하고 명료하게 생각해야 오히려 쉽게 풀 수 있다는 메시지를 전한다. 또한 이는 매듭을 푸는 일이 생각처럼 단순하지 않음을 암시하기도 한다. 이로부터, 고르디온의 매듭은 아무리 애써도 해결하기 어려운 문제를 의미하거나, 알렉산더 대왕이 단칼에 매듭을 잘라버린 것처럼 대담한 행동으로 복잡한 문제를 해결한다는 의미로 쓰이게 되었다.

페르시아를 멸망시킨 알렉산더 대왕은 동진하여 인도의 인더스 강 부근까지 당도하였다. 대왕의 그칠 줄 모르는 정복욕에 두려움을 느낀 그의 부하 장병들은 왕에게 인더스 강이 세계의 끝이라고 말하고 더 이상 전진하려고 하지 않았다. 그러자 알렉산더 대왕은

이제 더 이상 정복할 땅이 없구나!

라고 하면서 땅바닥에 주저앉아 울부짖었다고 한다. 그 후에도, 알렉산더 대왕은 바빌론으로 개선하여 그리스와 동양에 걸친 대제국의 지배자가 되었다.

스물여덟 번째 이야기

암호와 전쟁의 승패

암호cryptograph는 통신문의 내용을 감추기 위해 통신문을 변형하는 모든 방법을 통틀어 일컫는 말이다. 모든 암호는 순서 바꾸기나 문자교환 또는 이들의 수학적 조작을 결합한 곱암호 방식을 이용한다. 순서를 바꾸는 환자식 암호법에서는 평문의 요소들, 예로서, 글자, 낱말, 일련의 기호 등을 그 요소 자체는 바꾸지 않고 순서만 바꾸어 다시 배열한다. 문자 교환식 암호법에서는 그러한 요소들의 순서는 그대로 둔 채, 그 요소들을 다른 것으로 바꾼다. 곱암호를 만들 때는 순서 바꾸기와 문자교환이 직렬식으로 이루어진다. 예를 들면, 분할법이라고 불리는 곱암호 방식에서는 우선 평문의 기호를 다양한 기호로 바꾸어 암호문을 만든 다음, 이 암호문의 순서를 바꾸어 다시 암호화한다. 통신문을 변형하는 모든 조작이나 단계는 일정한 규칙에 따라 이루어지며, 규칙은 통신문을 보내는 사람과 그것을 받는 사람만 알고 있는 비밀 코드로 정해진다.

암호가 제3자에게 해독되지 않아야 한다는 전제로 무작정 복잡하고 어려운 방법을 사용하는 경우, 암호의 생성과 해독에 불필요한 시간을 낭비하게 되어 역효과를 가져올 수도 있다. 예로서, 적이 1시간 내에 공격해온다는 내용의 통신문을 복잡한 암호를 사용해서 송신하여 암호의 생성과 해독으로 적의 공격에 대비할 수 있는 시간적 여유를 갖지 못한다면 오히려 작전 실패의 원인이 될 수도 있다. 따라서 전투용이나 전술용처럼 몇 분 내지 몇 시간만 기밀을 유지하면 충분한 내용을 암호화할 때에는 가장 간단한 어구암호나 암호환자판을 사용하는 것이 효과적이다. 그러나 전략이나 외교용 암호는 장기간의 보안이 필요할 뿐만 아니라, 국가 운명을 좌우할 내용이 포함될 수 있으므로 더 복잡한 방식이나 기계암호의 사용이 적합할 것이다.

최초의 암호는 스파르타 시대의 **스키테일**scytale **암호**이다. 이는 일정한 너비의 종이테이프를 원통에 서로 겹치지 않도록 감아서, 그 테이프 위에 통신문을 기입하는 방식이다. 그 테이프를 풀면 기록 내용을 전혀 판독할 수 없으나, 통신문을 기록할 때 사용한 것과 동일한 크기의 원통에 감아보면 내용을 읽을 수 있도록 고안된 일종의 전자방식의 암호이다. 그리고 환자방식의 암호는 로마 시대의 카이사르에 의해서 고안되었다. 이는 전달하려는 통신문의 글자를 그대로 사용하지 않고 그 글자보다 알파벳 순서로 몇 번째 앞, 또는 뒤의 글자로 바꾸어 기록하는 방식을 말한다.

16세기 프랑스에서는 근대적 암호의 시조라고 불리는 비지넬에 의해 비지넬 암호표가 고안되었다. 이 암호는 아주 교묘하게 만들어져 해독 불능 암호라는 평가를 받았으며, 현재에도 환자암호의 기본 형식의 하나로 사용되고 있다. 20세기에 들어서면서 무선통신의 이용이 커짐에 따라 통신 내용이 제3자에 의한 방청이 용이하게 되어 암호의 조립방식은 더욱 복잡화되었을 뿐만 아니라, 그것을 해독하는 기술도 상대적으로 발달하였다. 특히, 제1, 2차 세계대전을 통하여 군사·외교암호의 이용도가 높아지고 암호해석 기술은 획기적인 진보를 보이게 된다.

맥클리는 1978년 대수적 코딩이론을 기반으로 공개키 암호 알고리즘을 개발하였다. 이 알고리즘은 현재까지 알려진 해독법에 대해 안전할 뿐만 아니라, 암호화 과정에서 랜덤 개념을 도입한 첫 번째 공개키 암호 알고리즘이다. 그러나 이 시스템은 효율적이긴 하지만, 공개키의 크기가 매우 커서 실용화에 문제가 있고, 서명과 검증기술이 개발되지 않아 완전한 공개키 암호 시스템으로 간주하기는 어려운 점도 있다.

암호는 은밀한 약속이며, 개인이나 국가 간의 중대한 이해관계가 얽힌 거래에서 암호는 필연적으로 등장한다. 전쟁에서는 암호해독이 역사를 뒤바꾸는 데 결정적으로 작용하기도 한다. 청일전쟁 당시 일본은 청나라의 암호를 해독하여 강화조약 체결시 매우 유리한 입장에 설 수 있었으며, 제1차 세계대전 때 영국 해군은 독일 함대의 출동상황을 사전에 탐지하여 여러 해전에서 대승을 거두는 데 공헌하였다. 또한, 1921년의 워싱턴 군축회담 당시에도 미국의 암호해독관인 야드레에 의해서 일본의 외교암호가 해독되어 미국의 대일 외교에 절대적인 공헌을 한 사실은 유명한 이야기이다.

글자를 간단히 바꾼 고대의 암호문에서부터 새롭게 출현한 현대의 전자암호에 이르기까지 은밀하게 진행되어온 비밀문서의 세계를 살펴보자.

남이 알지 못하게 비밀 메시지를 보내려고 할 때, 가장 간단한 방법은 글자의 순서를 바꾸는 것이다. 예로, '오늘 저녁에 만나자'라는 내용을 친구에게 보내고자 할 때, 각 낱말의 순서를 바꾸어 '늘오 에녁저 자나만'로 만들어도 간단한 암호문이 된다. 이와 같이, 글자의 순서를 바꾸어 암호화하는 전자방식을 사용한 사례는 기원전 450년경 그리스인들에게서 발견된다. 그 당시 그리스 도시국가에서는 다른 지역에 군대를 파견할 때, 스키테일이라고 부르는 길이와 굵기가 같은 2개의 나무봉을 만들어 하나는 본부에 두고 나머지 하나는 파견인에게 주었다. 스파르타가 페르시아와 동맹을 맺고 아테네와 교전을 벌이던 때의 일이다. 스파르타의 라이산더 장군은 페르시아가 배신을 하고 자신을 노리고 있다는 느낌을 받았지만 아무런 증거가 없었다. 만일, 잘못된 판단으로 페르시아를 공격한다면 귀중한 동맹국을 잃는 처지가 되기 때문에 여간 걱정이 아니었다. 고심 끝에 라이산더 장군은 페르시아에 첩자를 잠입시켰으며, 그 첩자는 상황을 파악한 후 노예의 허리띠에 긴 문서를 숨겨 장군에게 보내게 된다. 문서를 전달받은 장군은 즉시 나무봉에 감아 페르시아가 라이산더 장군의 절친한 친구를 살해하고 자신도 노리고 있음을 알게 된다. 라이산더 장군은 곧바로 페르시아를 공격하여 승리하였다고 한다.

환자방식은 글자를 일정한 규약에 따라 새로운 글자나 숫자,

기호 등으로 바꾸는 암호방식이다. 환자방식의 고전적 사례는 로마제국의 카이사르의 죽음과 관련해서 발견된다. 카이사르는 가족과 비밀통신을 할 때 각 알파벳순으로 세 자씩 뒤로 물려 읽는 방법으로 글을 작성했다. 즉, A는 D로, B는 E로 바꾸는 방식이었다. 어느 날 카이사르에게 가족이 보낸 긴급 통신문이 전달되는데, 그 내용은 다음과 같았다.

EH FDUHIXO IRU DVVDVVLQDWRU

각 알파벳을 세 자씩 당겨 읽어 암호문을 풀어 보면

BE CAREFUL FOR ASSASSINATOR
암살자를 주의하라

라는 내용이었다. 당시 카이사르의 권세를 시기한 일당은 카이사르를 살해할 암살 음모를 꾸미고 있었으며, 그 자신도 이를 어느 정도 눈치 채고 있었다. 하지만 카이사르는 구체적으로 누가 암살자인지는 알 수 없었으며, 결국 암호문을 전달받은 당일에 카이사르는 원로원에서 전혀 생각지도 못했던 브루투스에게 암살을 당하면서 '브루투스, 너마저……'라는 말을 남겼다.

오른쪽 그림의 알파벳 동심원들은 평문과 주어진 키에 따른 암호문을 나타낸다. 바깥쪽 원은 평문의 알파벳을 나타내며 고정되어 있고, 안쪽 원은 키에 따른 암호화된 알파벳을 나타낸다. 예로,

카이사르의 가족이 시용한 암호와 같이, 키가 3인 경우 안쪽 원은 시계 반대 방향으로 3칸만큼 회전한다.

은어식 암호는 본래 뜻과는 전혀 다른 엉뚱한 단어를 사용하여 메시지를 전달하는 방식이다. 18세기 무렵, 러시아 주재 프랑스 대사는 러시아 주변의 정세를 본국에 알릴 때 은어를 사용하였다. 중요한 인물의 이름은 모피 명칭으로, 술어적 표현은 모피 상인들이 사용하는 용어로 표기하였다고 한다. 예를 들어, '이리 모피'는 '오스트리아 대사', '모피를 주문했다'는 '군사를 빌려줄 것을 요청했다'는 식이었다. 은어식 암호는 어휘를 풍부하게 표현하지 못하는 단점이 있지만, 현대에서도 가끔 유용하게 사용된다. 대표적 예가 일본이 진주만을 공격하기 직전에 주고받은 전화통화 내용이다. 미국과 일본 간에 전운이 감돌던 상황에서 미국과 막후 협상을 벌이던 일본 특사는 사태가 심상치 않게 돌아간다는 사실을 본국에 전화로 알릴 때, "결혼 문제가 잘 해결되지 않는다. …… 갓난애가 태어날 것 같다."는 은어를 사용하였다고 한다.

환자방식은 생각하기에 따라 글자 이외에도 다양한 형태로 전환될 수 있다. 제1차 세계대전 당시 전설적인 독일 여자 첩보원 마타하리는 악보를 암호로 사용하였다. 마타하리는 파리에서 댄서로 일하면서 타고난 미모와 독특한 춤으로 사교계에 명성을 떨치고 있었는데, 1914년 암스테르담 독일 영사로부터 스파이 활동을 권유받게 된다. 마타하리는 '첩보원 H21'이란 이름으로 프랑스 군사기밀을 독일에 빼돌렸는데, 이때 사용된 암호는 일정한 형태의 음표에 알파벳을 하나씩 대응시킨 형태였다. 언뜻 보기에는 평범한 악보처럼 보이나 연주를 해보면 음악이 되지 않는다. 마타하리의 첩보활동으로 20여 만 명에 달하는 프랑스군을 죽음으로 몰고 갔다고 한다. 예로, 마타하리는 '프랑스 함대가 마르세이유에서 출항'한다는 내용을 다음 악보와 같이 음표에 알파벳을 대응시켜 암호문을 만들었다.

암호의 역사에서 큰 획을 그은 사건은 **에니그마**enigma라는 암호기계의 발명이다. 에니그마는 수수께끼라는 뜻으로, 아무도 풀 수 없을 것이라고 해서 붙여진 이름이었다. 1923년 독일인 세르비우스는 폴란드 근교의 농촌에서 에니그마를 만들었으나, 제1차 세계대전이 끝날 때까지는 암호문의 중요성이 널리 인식되지 않은 상황이었다. 그래서 세르비우스는 에니그마를 몇 대밖에 팔지 못하고 사망하게 된다. 제2차 세계대전에서 에니그마는 진가를 유감없이 발휘하게 되는데, 독일이 유럽을 침공할 때 사용한 모든 지령문은 에니그마를 통해 암호화되었다.

에니그마의 구조는 타자기와 비슷하게 키보드, 플러그보드, 회전판, 라이트보드 등으로 이루어져 있다. 키보드에서 글자를 치면 전선을 타고 전기신호가 플러그보드의 한 곳으로 전해진다. 전기신호는 다시 회전판으로 이동한 뒤 다시 플러그보드로 돌아온다. 이후 전기신호가 라이트보드로 가면 해당 자판에 불이 들어온다. 이러한 복잡한 과정을 거쳐 글자 하나하나가 암호화되므로 이를 해독하기란 여간 힘든 일이 아니었다. 제2차 세계대전 초기에 유럽의 국가들은 독일의 암호문을 사전에 입수하더라도 무슨 뜻인지 전혀 알 수 없었으며, 영국 런던은 독일의 연이은 폭격에 대비하지 못했다. 1939년 영국 정부는 독일의 에니그마 암호문을 해독할 수 있는 방법을 연구하기 위하여, 런던 근교에 암호학교를 세우고 연구원을 모집하였는데 천재 수학자 튜링을 비롯한 당대의 과학자들이 몰려들었다. 시간이 지나면서 암호문이 조금씩 번역되기 시작하자 독일군은 에니그마를 더욱 복잡하게 만들어 초창기에 3개를 사용하던 회전자를 12개까지 늘리게 된다. 튜링은 이 복잡한 암호문을 더 이상 손으로 푸는 것은 무리라고 판단하고, 1943년 2,400개의 진공관을 가진 거인이라는 의미의 전자식 해독기 콜로수스를 만들었다. 이 해독기는 이름에 걸맞게 1초에 25,000자를 번역해내었으며, 이로 인해 독일의 에니그마는 위력을 상실하게 된다.

1942년, 미국이 기세등등하던 일본 해군을 격파한 미드웨이 해전에 대한 이야기를 해보자. 미드웨이 섬 일대는 미 대륙과 아시아 대륙의 중간 지점에 위치하고 있어서 미국과 일본 모두에게 전략적 요충지였다. 미국은 일본의 암호문을 90퍼센트 이상 해독하고 있었으므로, 곧 일본의 대대적인 공격이 감행될 것을 알고 있었다. 미국은 일본의 공격 지점이 미드웨이일 것으로 짐작은 하였지만 확실한 증거는 없었다. 어느 날 미국은 일본의 암호문을 해독하였는데, 공격 지점은 AF이었다. 미국은 AF가 어디인지 알기 위해서 미끼를 던지는데, 일부러 '미드웨이의 증류수 공장 물 부족, 보급 필요'라는 내용을 일본이 포착할 수 있도록 무선으로 송신한 것이다. 만약 물이 없다면 일본으로서는 더없이 좋은 공격

기회이었으므로, 일본군은 미군의 미끼에 걸려들었다. 일본군의 암호문에서 '적군 AF에서 물 부족'이라는 내용이 미군에 포착되어 'AF=미드웨이 섬'임을 확인하게 되었다. 그 결과, 야마모토 사령관이 이끈 막강한 일본 함대는 미드웨이 해상에서 미리 기다리고 있던 미국 함대에 의해 완전히 괴멸되고 말았다. 당시 일본군이 사용하던 암호작성기도 에니그마였으나, 독일군이 주로 사용한 암호문에 비해서 난수 복잡하게 조합되어 있다는 점이 달랐다.

다음으로, 코난 도일의 소설 《춤추는 인형》에 나오는 암호에 대해 살펴보자. 소설에서는 춤추는 인형 모양을 암호로 사용하고 있는데, 소설 속의 탐정 셜록 홈즈는 범인 슬레이니가 보낸 춤추는 인형 모양으로 된 암호문들을 토대로, 인형 모양과 영어 알파벳의 사용빈도에 근거하여 각 인형 모양을 알파벳으로 하나씩 대응시켜 인형 모양으로 작성된 암호문을 해독하여 사건을 해결하고 있다. 셜록 홈즈는 주어진 암호만으로는 풀 수 없는 8개의 알파벳을 제외한 18개의 춤추는 인형 모양을 다음과 같이 알파벳과 대응시키는 데 성공하게 된다.

인형 모양	
알파벳	A B C D E G H I L

인형 모양	
알파벳	M N O P R S T V Y

암호체계를 알게 된 셜록 홈즈는 다음 암호문을 작성하여 슬레이니에게 보낸다. 이를 받은 슬레이니는 자신의 옛 연인인 엘지가 자기에게 보낸 것으로 생각하고 달려왔다가 함정에 걸려들어 체포된다. 여기서 깃발을 든 인형 모양은 한 칸 띄움을 의미한다.

COME HERE AT ONCE(당장 이리로 오세요)

스물아홉 번째 이야기

죄수의 딜레마와 게임이론

게임이론game theory은 경쟁 주체가 상대편의 대처행동을 고려하며 자기의 이익을 효과적으로 달성하기 위해 수단을 합리적으로 선택하는 행동을 수학적으로 분석하는 이론이다. 게임이론은 1944년 헝가리 출신의 이론물리학자 폰 노이만과 오스트리아 출신의 경제학자 모르겐슈테른의 공저 《게임이론과 경제행위》에서 이론적 기초가 마련되었으며, 제2차 세계대전 때, 이를 이용한 미국의 물리학자인 모스에 의해서 더욱 발전되었다. 폰 노이만은 책을 출판하기 훨씬 이전에 게임의 정의와 해의 개념을 수학적으로 정립하였다고 한다. 게임은 경기자 모두의 선택에 달려 있기 때문에, 게임이론이란 상충적이고 경쟁적 조건에서 경쟁자 간의 경쟁 상태를 모형화하여 참여자의 행동을 분석함으로써 최적인 전략을 선택하는 것을 이론화하려는 것이다.

게임이론에 있어서는 게임 당사자를 경쟁자라 하고, 경쟁자가 취하는 대체적 행동을 전략이라 하며, 어떤 전략을 선택했을 때 게임의 결과로 경쟁자가 얻는 것을 이익 또는 성과라고 한다. 게임의 결과는 경쟁자가 어떤 전략을 선택하느냐에 따라 좌우되므로, 경쟁자는 상대방이 어떤 전략을 선택하더라도 자기의 이익을 극대화시킬 수 있는 전략을 선택하게 된다. 게임이론 영역에서 공통점은 경기자들이 나쁜 결과 중에서도 더 나은 것을 원한다는 점에서 이성적이라고 가정한다. 또한 경기자들은 목표가 있으며, 결과에 순서를 매기거나 경우에 따라서는 게임 결과에 효용 또는 가치를 부여한다고 가정한다. 혼자 하는 1인 게임을 제외하고는 각 게임에서 다양하게 선택하는 상호의존성으로 인해, 경기자가 최선의 선택을 쉽게 취할 수 없다는 사실이 게임이론이 갖는 복합성이다.

게임은 놀이, 오락 또는 경기 등의 의미를 갖는다. 게임에는 놀이판 위에서 하는 바둑이나 장기, 카드를 갖고 하는 포커나 화투, 컴퓨터를 상대로 하는 각종 전자오락과 경기장에서 하는 야구, 축구, 테니스, 수영 등 아주 다양하지만, 이들은 다음의 공통점을 갖는다.

- 모든 게임은 정해진 규칙에 의해 진행된다.
- 전략이 중요하다.
- 모든 게임에는 최종 결과가 있다.
- 게임의 결과는 전략적 상호작용에 의해 결정된다.

또한 일반적인 게임은 아니더라도, 기업 간의 판매 경쟁, 노사

간의 임금 협상 등과 같이 위의 공통점을 모두 만족하는 현상들은 일상생활의 주변에 많이 있다.

게임에는 다음과 같은 다양한 종류가 있다.

협조적 게임과 비협조적 게임

협조적 게임은 선수들이 구속력 있는 완전한 협약을 맺은 이후에 시행하는 게임이며, 비협조적 게임은 서로가 사전에 구속력 있는 어떠한 협약도 맺지 않고, 선수들이 자신의 효용을 극대화하기 위해 합리적으로 최선의 전략을 찾으려는 형태의 게임을 의미한다.

정적 게임과 동적 게임

정적 게임은 각 선수들이 한 번의 전략으로 게임이 끝나는 경우이며, 동적 게임은 각 선수가 전략을 선택한 후(일부 선수만 전략을 선택하는 경우도 포함), 그 결과에 따라 다시 전략을 선택하는 과정을 수차례 행한 후에 나타난 결과에 따라 보상을 받는 게임을 뜻한다. 반복 게임은 동적 게임 중에서 동일한 게임을 여러 번 반복하는 경우이다.

전략형 게임과 확장형 게임

전략형 게임은 정적 게임의 분석에 적합한 형태로, 게임에 참여하는 선수들이 택한 결과로서 각 선수들이 얻는 보상으로 구성된다. 이는 전략이 중심이 되는 게임 형태로서 정상형 게임이라고도 한다. 확장형 게임은 동적 게임 분석에 유용하게 활용되는 형태로, 게임의 진행과정, 즉 선수들이 선택한 전략을 알아보기

쉽게 표현되어 있다.

완전정보게임과 불완전정보게임

완전정보게임은 각 선수에 관한 모든 사항을 자세히 알고 시작하는 게임이며, 불완전정보게임은 선수에 관한 내용 중에서 적어도 하나는 모르는 경우의 게임이다. 비대칭정보게임은 한쪽은 상대의 정보를 모두 알고 있으나, 다른 쪽은 상대의 정보를 자세히 알지 못하는 상태에서 시행하는 게임이다.

제로섬게임과 비제로섬게임

제로섬게임은 각 선수가 어떤 전략을 선택하든지 그 결과로 나타나는 보상의 합이 영(0)이 되는 경우의 게임이며, 비제로섬게임은 제로섬게임이 아닌 모든 경우를 뜻한다.

로버트 오먼과 토마스 셸링 교수는 죄수의 딜레마로 알려진 초기 게임이론을 현실에 적용하여, 협력을 위한 전략을 발전시킨 공로로 2005년 노벨 경제학상을 수상하였다. 이들은 게임이론 가운데서도 협조적 게임이론 분야, 즉 각 주체들이 상호 신뢰관계를 구축한 상태에서 최선의 선택을 한다는 전제에 기반한 이론의 선구적인 학자로 꼽힌다.

이들은 나만큼 영리한 상대방이 있고, 서로의 이익을 위해 속임수와 배신이 반복될 경우 어떤 전략을 구사하는 것이 가장 효과적인지를 증명하였는데, 이 과정에서 중요한 전략적 개념은 보복이라는 것이다. 이 이론은 1950년대의 미국과 소련의 핵무기 개발 경쟁에서는 물론, 테러범과의 협상 및 통상마찰 등에서 광범위하게 활용되고 있다. 세계 각국은 자국의 경제적 이윤을 추구하기 위하여 보복적인 보호무역주의를 불러올 위험이 있다. 미국에서 중국산 저가 타이어에 반덤핑 관세를 부과하겠다고 할 때, 중국이 미국산 자동차와 닭고기에 보복 관세를 부과하겠다고 위협을 가했다고 하자. 비록 자국 국민들을 대상으로 한 정치적 제스처에 가깝다고 하더라도, 이는 미국에 대한 중국의 보복적 전략이 될 것이다. 자원이 부족하여 무역에 대한 의존이 강한 우리나라로서는 통상이나 외교문제 등에서 이러한 보복적 게임 전략에 말려들지 않도록 유념하여야 할 것이다.

다음은 게임이론에 관한 잘 알려진 내용들이다.

죄수의 딜레마 이론

범죄를 저지른 A와 B 두 명이 공범으로 경찰에 붙잡혔는데, 경찰은 A와 B를 각각 다른 방에 가두고 취조를 하면서 다음과 같이 제안하였다고 하자.

① 만일 네가 자백을 하면 최대한 정상을 참작하여 너는 징역 1년으로 해주겠다.
② 너는 자백하지 않고 네 동료가 자백을 하면 너는 죄를 모두 뒤집어쓰고 징역 10년을 살게 될 것이다.
③ 너와 네 동료 모두 자백을 하면 징역 5년이 된다.
④ 만일 너와 네 동료가 모두 굳게 입을 다물고 범죄 사실을 부인하면 증거 불충분으로 풀려날 것이다.

이 경우 우리는 대개 어떠한 선택을 하게 될까? 두 사람은 10년형이라는 최악을 피하기 위해 서로 자백하여 5년형을 받게 된다는 것이 그 유명한 죄수의 딜레마 이론이다.

죄수의 딜레마는 게임이론을 설명할 때, 흔히 사용되는 논증이다. 죄수의 딜레마에서 알 수 있듯이 게임이론은 자신의 이익을 최대화하려고 서로 속임수를 쓸 가능성이 있는 경쟁자들 사이에 일어나는 갈등에 대한 연구이다. 이 딜레마의 두드러진 특징은 자신의 이익이 최대가 되도록 우위 전술을 취하면, 결국 각자의 이익이 최소가 되도록 전략을 취한 경우보다 오히려 나쁜 결과를 초래할 수도 있음을 보여준다. 예로서, 석유를 수출하는 두 국가에서 자국의 이익을 최대로 하기 위해서 서로가 경쟁적으로 많은 양의 원유를 생산한다면, 생산과잉으로 인한 석유가격의 급격한 하락으로 두 나라의 수익은 대폭 줄어들게 될 것이다. 그래서 석유수출국기구OPEC에서는 카르텔을 형성하여 사전에 공급량을 조절하여 이러한 문제가 발생하지 않도록 사전에 조치를 취하고 있는 것이다.

가상 결투

래리, 모우, 컬리라는 세 사람이 총으로 결투를 하려고 하는데, 승부는 두 차례 실시하되, 래리 → 모우 → 컬리의 순서로 총을 한 발씩 쏜다고 하자. 첫 번째 결투가 끝난 뒤 살아남은 사람은 두 번째 결투에서도 첫 번째와 같은 순서로 총을 쏜다고 한다. 각 총잡이의 입장에서 최선의 결과는 자신만이 살아남는 것이고, 그 다음은 두 사람이 살아남되 그 중의 한 사람은 자기 자신이 되는 것이다. 세 번째로 좋은 것은 모두가 살아남는 것이다. 물론 최악의 경우는 자신이 죽는 경우이다. 래리는 사격 솜씨가 미숙하여 명중률이 30퍼센트이고, 모우는 80퍼센트의 수준급 총잡이며, 컬리는 100퍼센트의 가장 위협적인 총잡이라고 가정해보자. 그렇다면 처음 결투에서 래리는 어떠한 전략을 취해야 할까? 추론을 통해 래리는 어떻게 행동하여야 할 것인지 생각해보자.

만약, 래리가 모우를 노려 명중시키면 다음은 래리 자신이 100퍼센트 명중률을 가진 컬리에게 당하게 될 것이다. 이 경우 컬리가 최선의 결과를 얻게 되므로 래리는 모우를 노리지 않는 것이 좋다. 만약 래리가 컬리를 노려 명중시킨다고 하더라도 다음은 모우의 순서가 되고 모우는 래리를 노릴 것이다. 이때 래리가 생존할 확률은 20퍼센트밖에 되지 않으므로 이 역시 바람직한 선택이 아니다. 따라서 제일 좋은 방법은 래리가 허공을 향해 총을 쏘는 것이다. 이 경우 모우는 컬리를 노려야 하고 만약 실패한다고 하더라도 래리보다 모우가 더 위협적이므로 컬리가 모우를 쏘아 맞추게 된다. 두 번째 결투에 들어가 다시 래리의 순서가 되었다고 하자. 그는 모우든지 컬리든지 살아있는 쪽을 노리면 30퍼센트의 확률로 래리가 유일하게 생존하게 된다. 물론 30퍼센트의 확률은 높지 않으나 그래도 그것이 래리가 취할 수 있는 가장 현명한 선택인 셈이다. 왜냐하면 컬리에게 100퍼센트 또는 모우에게 80퍼센트의 확률로 죽임을 당하는 것에 비하면 좋은 방법이라는 것이다.

이 가상의 결투가 우리에게 주는 교훈은 무엇인가? 능력이 부족한 인물이 원하는 자리에 오르고자 할 때, 처음 기회에서 결단을 보류하는 것이 오히려 현명한 결과를 가져올 수도 있다는 것이다.

다음으로, 제로섬게임과 윈-윈게임에 대해 좀더 자세히 알아보자.

승자의 득점과 패자의 실점의 합이 영이 되는 제로섬게임은 승패의 합계가 항상 일정한 게임의 하나이다. 이 게임에서는 승자의 득점은 항상 패자의 실점에 관계하므로 치열한 대립과 경쟁을 불러일으키는 경향이 있다. 이는 국가 간의 무역수지를 일종의 게임으로 볼 때, 무역수지 흑자국이 있으면 반드시 같은 금액의 적자국이 존재하는 것과 같은 이치이다. 제로섬게임이라는 용어는 게임이론으로부터 등장했지만, 무한경쟁의 사회에서 패자는 모든 것을 잃고 절대강자만 이득을 독식하는 현상을 설명할 때에도 종종 사용된다. 대표적인 제로섬게임으로는 포커나 경마 등의 도박을 들 수 있으며, 경쟁이 있는 스포츠나 정치에서의 선거, 선물거래나 옵션거래 등도 제로섬게임에 해당된다.

윈-윈게임은 자신도 이기고 상대방도 이겨 양쪽 모두 손해 보는 일 없이 이득을 얻게 되는 게임을 말한다. 이는 정치가들이 자주 애용했던 단어로, 남북관계는 물론, 한미, 한중, 한일 등의 주요 외교관계에서도 심심찮게 사용되고 있다. 물론 자기들 일을 합리화하려고 자주 사용한 말이기도 하지만 말이다. 그리고 윈-윈게임은 기업들 사이에서도 많이 적용되는 방식으로, 양측 모두 서로 부족하거나 필요한 부분을 상호 보충해줌으로써 서로에게 이익을 가져다준다.

서른 번째 이야기

4색 문제와 외판원 문제

여기서는 과거에 수학의 난제로 알려졌던 4색 문제와 외판원 문제에 대해 알아보자.

지도를 색으로 칠하여 구분할 때, 서로 인접한 두 나라는 다른 색으로 칠하는 것이 보통이다. 이를 위해서는 아래 그림에서 보는 바와 최소한 4가지 색이 필요하다. 그러면 어떤 지도라도 4가지 색만 사용하면 구분이 가능하겠는가? 이것을 **4색 문제**four-colour problem 또는 **4색 정리**라고 한다. 단, 인접한 나라라고 하는 것은 어떤 길이의 경계에 따라 인접하고 있는 것을 말하며, 점에서 접하는 경우는 제외하는 것으로 한다.

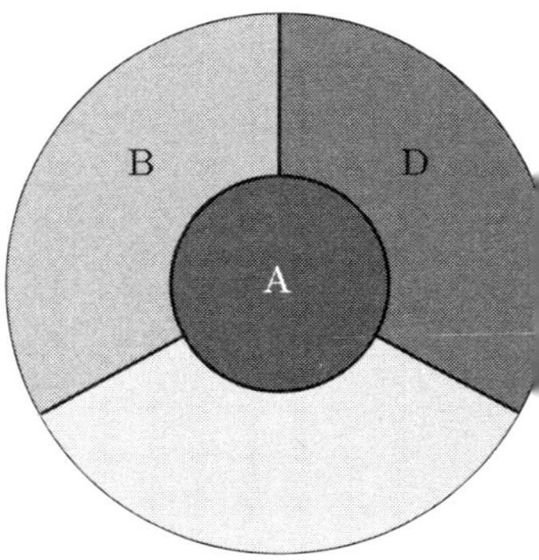

1852년 영국의 대학원생 구드리는 영국 지도를 색칠하다가 "지도상에서 서로 인접

한 영역을 서로 다른 색으로 칠하기 위해서는 최소한 몇 가지 색이 필요할까?"라는 의문을 가지게 되었다. 그는 영국 지도는 4가지 색으로 표현이 가능하다는 것을 알았지만, 지도 모양이 아주 복잡해지면 어떻게 될지에 대해서는 확신이 없었다. 그래서 구드리는 형에게 이 문제를 상의하였고, 그의 형은 유명한 수학자인 드 모르간에게 이 문제를 되묻게 된다. 그 후 당시 복잡한 국경선을 공유하고 있던 유럽의 지도를 서로 다른 색으로 표시하는 데 있어서도 4가지 색으로 충분하다는 사실이 알려지기도 하였다.

수학자들이 관심을 갖게 된 것은 "구면 위에나 평면 위의 임의의 지도를 칠하려면 색의 종류가 몇 가지 있으면 충분할까?" 하는 것이었고, 1879년 케일리에 의하여 런던 지리학회에서 처음으로 공식 제기되었다. 그리하여 4색 문제는 드 모르간과 케일리에 의해 제출되어 수학의 난문제로 유명해졌다.

4색 문제에 처음으로 답을 낸 사람은 켐프라는 수학자였다. 그는 1879년부터 1880년에 걸쳐 자신의 증명을 여러 학술지에 발표하였고 일단의 논쟁은 막을 내렸다. 이 공로로 켐프는 영국의 학술회원으로 선출되고 영국 왕실로부터 작위까지 수여 받았으나, 10여년이 지난 후 영국의 수학자 히우드는 켐프의 추론과정에 결정적인 오류가 있음을 발견하였다. 그 후에도 이 문제는 수많은 수학자들의 관심의 대상이 되었으나, 100여 년 동안 아무도 증명하지 못하였다.

그러나 4색 문제를 해결하기 위한 노력은 계속되어, 히우드는 5색으로 어떠한 지도도 구별할 수 있음을 밝혔고, 1922년에 프랭

크린은 25개 이하인 구역으로 나눠진 경우에는 4색으로 칠할 수 있음을 증명하여, 4색 문제 해결의 실마리를 제공하였다. 그 후 1968년에는 오어와 스탬플이 40개 이하의 나라가 있으면 4색으로 구별할 수 있음을 보였지만 일반적인 해법은 발견되지 않았고, 이 문제는 여러 형태의 지도와 다양한 공식들을 양산하여 점점 더 복잡한 형태로 바뀌어졌다.

이 복잡한 여러 형태는 컴퓨터를 사용하던 수학자들에 의해 프로그램으로 저장되기 시작하였고, 1976년 마침내 미국 일리노이 대학의 두 수학자 아펠과 하켄 교수에 의해 증명되었다. 아펠과 하켄은 무한히 다양한 그래프들은 복잡한 과정을 거쳐 유한개의 기본 그래프로 단순화시킬 수 있음을 보였고, 결과적으로 4색 문제에 대한 반례가 존재하지 않음을 증명할 수 있었다. 지도에 나라가 배열되는 경우는 무한히 많지만, 결국 1,936개의 기본 그래프 형태로 줄일 수 있음을 보이고 제대로 단순화되었는지 확인하기 위하여 컴퓨터로 검사하는 방법을 사용하였다. 후속 연구에서는 633개의 기본 그래프만으로도 충분함이 증명되었다. 무한히 많은 그래프들을 단순화시키는 과정은 두 대의 컴퓨터에서 별도로 시행하여 재확인하였다. 또한 기본 그래프를 4색으로 칠할 수 있음은 손으로 일일이 색을 칠하여 각각의 그래프가 4색 문제의 반례가 될 수 없음을 보였다. 그들은 증명을 위해 1200시간이나 고속 컴퓨터를 가동시켜야 했으며, 증명자료도 500쪽이 넘는 분량이었다고 한다. 이 증명은 다른 컴퓨터를 사용하여 여러 번 검증되었으나, 수학자가 직접 이론이나 수작업으로 검토할 수는 없었다. 따라서 4색 문제는 컴퓨터만이 해결할 수 있는 최초의 수학 문제인 셈이다.

그럼에도 불구하고, 수학자들은 컴퓨터를 이용한 이 증명방법에 별로 흥미를 보이고 있지 않다. 문제가 단순한 만큼 그 증명도 우아하고 단순한 방법이 존재하리라는 것이 일반적인 수학자들의 생각이었다. 아펠과 하켄 교수의 증명은 완벽한 것으로 검증되었지만, 그러나 증명이 지나치게 복잡할 뿐만 아니라 증명의 대부분은 컴퓨터의 힘을 빌렸으며, 이 문제의 증명과정이 증명 이외에는 전혀 쓸모가 없다는 것으로 밝혀짐으로써 컴퓨터의 힘을 빌리지 않고 증명되어야 할 문제로 남아 있다고 할 수 있다.

다음으로, 외판원 문제를 생각해보자.

선분을 단 한 번씩만 지나야 하는 오일러의 한붓그리기와는 달리, 꼭짓점을 단 한 번씩만 지나는 해밀턴 경로에 대해 생각해보자. 이 문제는 19세기 아일랜드의 수학자 해밀턴이 '정십이면체의 한 꼭짓점에서 출발하여 모든 꼭짓점을 한 번씩만 지나 처음의 꼭짓점으로 되돌아올 수 있느냐 하는 퍼즐을 만든 데서 시작되었다. 결과적으로, 정십이면체를 꼭짓점이 20개이고, 선분이 30개인 왼쪽 그림과 같은 평면 위의 그래프로 나타내어, 모든 꼭짓점을 단 한 번씩만 지나는 길을 찾았다.

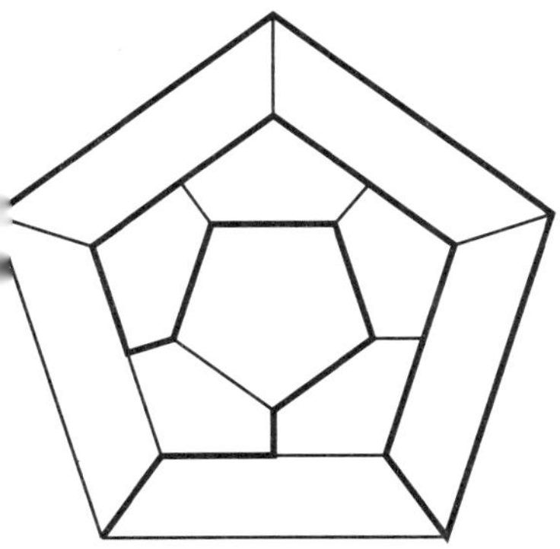

이와 같이, **해밀턴 경로**Hamilton path는 주어진 그래프에서 모든 꼭짓점을 단 한 번만 지나는 경로를 의미하며, **해밀턴 회로**Hamilton circuit는 모든 꼭짓점을 단 한 번만 지나는 회로를 의미한다. 즉,

해밀턴 회로는 한 꼭짓점에서 출발하여 모든 꼭짓점을 한 번씩만 지나 다시 출발점으로 돌아오는 경로를 말한다. 그러나 아직 해밀턴 경로에 대한 일반화된 이론은 알려져 있지 않으므로, 가능한 모든 경우를 생각해야 한다.

다음 그림들은 정사면체, 정육면체, 정팔면체, 정십이면체 및 정이십면체에 대한 해밀턴 경로의 예를 나타낸 것이다.

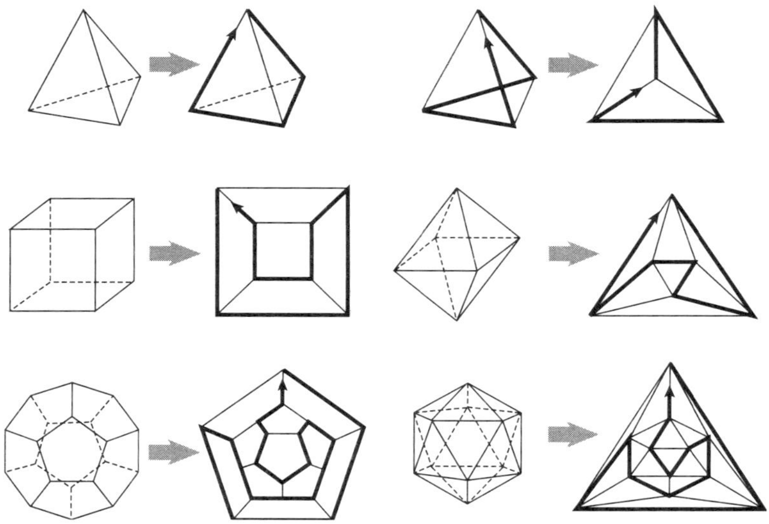

해밀턴 경로 문제는 일상생활의 여러 곳에서 찾아볼 수 있다.

예를 들어, 영업사원인 갑수가 오늘 거래처 몇 군데를 들러야 한다고 하자. 회사를 출발한 갑수가 어떤 순서로 거래처를 방문하는 것이 움직이는 거리의 측면에서 가장 효과적일까 하는 문제를 수학에서는 **외판원 문제**라 부른다. 말 그대로 여러 곳을 모두 방문하는 가장 짧은 길을 구하는 문제이다. 얼른 생각에는 쉬워 보이지만 수학의 대표적 난제로 손꼽히는 어려운 문제다. 기본적으로 이 문제를 풀려면 가능한 한 모든 경우를 다 계산하여 최소 거리의 경로를 선택하면 되겠지만, 그 경우의 수가 너무 많아 쉽지 않다. 이 외판원 문제는 집배원의 경로 문제, 차량 경로 문제나 전자회로기판 조립 문제 등 그 응용 분야가 매우 넓다.

시간 제약이 있는 외판원 문제는 외판원 문제에 시간에 대한 제약을 넣은 문제이다. 이 문제에서는 각 고객 또는 도시마다 외판원이 방문할 수 있는 시간이 정해져 있다고 가정한다. 특급우편 등을 배달할 때나 방문접수를 하는 경우에 고객을 방문할 수 있는 특정한 시간이 지정된다면 여기에 해당되는 문제이다. 이 문제는 외판원 문제보다 해를 구하기가 훨씬 더 어려워진다. 외판원 문제의 경우는 대략의 짐작으로 방문 순서를 정할 수 있겠지만, 이 경우는 각 고객의 시간 제약을 고려해야 하므로 방문해야할 장소가 10곳 이상만 되더라도 수작업으로 실행가능한 해를 구하는 것은 매우 어렵다.

서른한 번째 이야기

실용수학과 카오스 이론

현대인들이 추구하는 문제에는 '가장 적합한 것을 구하는 것'이 대부분이다. 과거에는 아무렇게나 만들어도 사용할 수 있던 것들이 과학과 기술의 발전으로 더 효율적이고 적합한 것들을 추구하게 되었기 때문이다. 수학은 단순히 과학을 배우기 위한 도구가 아니라 바르게 생각하고 표현하는 방법을 제공하는 언어이다. 수학이 비록 실생활에 많은 도움을 주는 학문이라 하더라도, 눈에 보이는 쓰임에만 중요성을 강조하는 것은 옳지 않다. 사람의 몸과 마음이 둘이 아니듯이, 이론과 실용도 별개가 아니다.

각종 음료수 캔이나 보온병 등 대부분의 용기들은 원기둥 모양을 하고 있다. 이는 적은 재료를 들이고도 많은 양의 액체를 담을 수 있도록 하기 위한 수학적 계산이 들어 있다. 또한, 우리가 매일 사용하는 세숫비누나 두루마리 화장지는 처음에는 잘 줄어들지 않지만, 그 크기가 줄어들면서 금방 닳아 없어진다. 왜 그럴까? 이는 닮음비와 부피의 비 또는 닮음비와 넓이의 비의 관계에 따르기 때문이다. 즉, 비누의 가로×세로×높이가 각각 처음의 절반으로 줄어들면 비누의 부피는 1/8로 줄어들고, 두루마리의 반지름이 절반으로 줄면 두루마리 화장지의 길이는 1/4로 줄어들기 때문이다.

마찬가지로, 과일을 고를 때에도 닮음비를 알고 있으면 이득을 볼 수 있다. 한 과일가게에서 지름이 20센티미터인 수박은 8,000원에, 지름이 30센티미터인 수박은 20,000원에 팔고 있다고 하자. 이때 어느 수박을 사는 것이 경제적으로 유리하겠는가? 물론 수박을 남겨 버리는 경우는 없다고 한다.

고대 그리스의 수학자들은 길이를 재는 법과 삼각형의 성질을 이용하여 강의 너비와 산의 높이를 구하는 방법을 알려주었다. 에라토스테네스는 삼각형의 성질을 이용하여 하짓날 정오에 생기는 막대기의 그림자를 보고 지구의 크기를 측정하였다. 수학자들은 천체의 운동을 관측하면서 많은 도움을 주었는데, 1년은 365일, 한 바퀴는 360도, 1년은 12달, 1일은 24시간, 1분은 60초 등을 사용할 수 있게 된 것도 모두 수학자 덕분이다. 아울러 수학자들은 기하학을 바탕으로 땅의 넓이를 구하는 방법을 알려주어 곡식의 수확량을 예측할 수 있게 하였으며, 국가에서 세금을 징수하는 근거가 되게 하였다. 또한 그들은 그리스의 파르테논 신전이나 이집트의 피라미드를 설계할 때 아름다운 황금비를 제안하였으며, 필요한 돌의 양을 미리 알려주기도 하였다.

암호이론과 게임이론은 현대수학에서 빼놓을 수 없는 분야이다. 암호이론과 관련하여 튜링은 제2차 세계대전 당시 독일군의 암호를 해독하여 영국군이 전쟁에서 승리할 수 있도록 하였으며, 경제학과 정치학, 외교학 등의 발전에 크게 기여한 게임이론은 독일의 수학자 폰 노이만의 작품이다. 그리고 이진법 대수체계에 대한 이론은 1940년 이후 전기회로에 이용되면서 컴퓨터를 이진회로로 작동하는 기계로 만들었다. 그리고 미래시대를 이끌어 가는 디지털 혁명도 수학과 함께 시작한다. 프랑스 수학자 푸리에 이론에 따르면 모든 주기적 현상은 삼각함수의 합으로 나타낼 수 있는데, 이는 통신 분야에 적용되어 디지털 혁명을 가속화시켰다.

현대인의 일상생활과 가장 밀접한 날씨에도 수학을 빼놓을 수 없다. 태풍이 불고 비가 오는 등의 기상변화와 지진이 일어나고 해류가 흐르는 것들을 분석하고 예측하기 위해서는 수학의 한 분야인 고등 미분방정식을 잘 풀어야 하기 때문이다. 또한, 금융시장의 흐름도 미분방정식을 통해 알 수 있다. 뉴욕의 금융시장에서는 수천 명의 수학자들이 새로운 금융상품을 만들어내고, 국민연금, 퇴직금, 의료보험금 등 경제활동으로 파생되는 경영문제와 기업평가 등은 수학자의 손에서 이루어지고 있다. 이렇게 현대수학은 과학은 물론 경제 분야와 일상생활 전반에 깊게 관여하고 있다.

다음으로, 실생활문제와 관련하여 여러 학문 분야에서 활발하게 연구되고 있는 카오스 이론에 대해 살펴보자.

카오스란 혼돈이라는 뜻으로 주기가 일정하지 않은 진동을 말한다. 카오스 이론은 1961년 미국의 기상학자 로렌츠가 기상 관측을 하다가 생각해낸 **나비효과**butterfly effect를 발표하면서 이론적 발판이 마련되었으며, 1970년대부터 활발하게 논의되기 시작하였다. 나비효과란 중국 북경에 있는 나비의 날갯짓 하나가 다음 달 미국 뉴욕에서 폭풍을 발생시킬 수도 있다는 과학 이론이다. 이러한 로렌츠의 생각은 기존의 물리학으로는 설명할 수 없는 작은 변화가 결과적으로 엄청난 변화를 일으킬 수 있다는 사실을 보여준다.

과학자들은 지금까지 매우 복잡해보이는 자연현상이라 할지라도 숨겨진 근본 원리는 매우 단순할 것으로 생각해왔다. 그러나 물이 끓는 현상, 회오리바람이나 태풍, 갑자기 발병하는 전염병, 특정한 생물의 개체 수의 증가와 감소 등 대부분 현상들은 단순화된 방정식으로 이해할 수 없었다. 이러한 현상들의 특징은 작용하는 물체 수가 많고 그들이 매우 복잡하고 불규칙적인 운동을 한다는 점이다. 20세기 초반에 프랑스의 수학자이며 물리학자인 앙리 푸앵카레는 기하학적 방법을 이용하여 단순하지 않는 방정식의 성질을 연구하는 방법을 생각하였으나, 엄청난 양의 반복계산을 필요로 하였기 때문에 실용화되지는 못하였다. 컴퓨터의 발달로 1963년 로렌츠가 지금까지 잘 알려져 있지만 해결하지 못하던 기상 현상에 대한 방정식을 단순화하여 컴퓨터를 사용하여 풀었을 때, 전혀 예상할 수 없었던 결과를 얻었다. 즉, 계산결과가 초기 조건에 따라 극도로 민감하게 변하는 것을 알게 되었던 것이다. 다시 말하면, 두 개의 아주 비슷한 초기 조건들을 대입하는 경우에도 전혀 다른 결과를 초래할 수도 있음을 의미한다.

카오스 이론은 작은 변화가 예측할 수 없는 엄청난 결과를 낳는 것처럼 안정적으로 보이면서도 안정적이지 않고, 안정적이지 않은 것처럼 보이면서도 안정적인 여러 현상을 설명하려는 이론이다. 또한 안정된 운동 상태를 보이는 체계가 어떻게 혼돈 상태로 바뀌는가를 설명하고 혼동 현상 속에서 숨겨진 질서를 찾으려는 시도다. 나아가 실용적인 문제에서는 이 혼돈 현상을 조정하는 것을 그 목표로 한다. 이는 물리학은 물론, 수학, 경제학, 천문학, 의학, 생물학 등의 다양한 분야에서 연구가 활발하게 이루어지고 있지만, 아직은 초기 단계에 머물러 있다. 카오스 이론을 보여주는 대표적 예로는 증권시장에서 주식 가격의 변화, 나뭇잎의 낙하운동, 물의 난류 현상, 회오리바람, 태풍이나 지진 메커니즘 등을 들 수 있다.

수학에도 카오스 이론과 연관된 **퍼지이론**fuzzy theory이 있다. 퍼지이론은 '네' 또는 '아니오'와 같이 이분법만으로 나눌 수 없는 인간의 모호한 사고 작용을 정량적으로 나타내고자 하는, 즉 모호한 것을 명확히 표현하려는 수학적 이론이다. 실제 퍼지논리는 사실의 정도를 다루는 정도의 학문으로 전통적인 컴퓨터가 다루는 '참' 또는 '거짓'의 논리의 한계를 극복하려는 학문이다. 이 이론은 1965년 미국 버클리 대학 자데 교수가 제창한 퍼지집합의 사고방식에 방탕을 두고 있으며, 최근 가전제품이나 자동제어 분야 등에 널리 응용되고 있다.

서른두 번째 이야기

바코드와 ISBN

일반적으로 미리 정해 둔 사물을 영문자나 숫자 또는 특수기호로 표시해 인식할 수 있도록 한 것을 **코드**code라 한다. 그러나 코드를 일일이 기억하여 컴퓨터에 입력하는 것은 매우 번거롭고 어려운 일이다. 특히, 생활용품과 같이 종류가 많은 품목을 모두 별개의 코드로 다루기란 거의 불가능한 일이다. 이와 같은 문제를 해결하기 위하여 일반 코드 대신 서로 굵기가 다른 막대를 조합시켜 코드로 만든 것이 **바코드**barcode이며, 광학적으로 이를 판독하여 컴퓨터에 입력시키는 장치를 바코드 판독기라 한다. 바코드는 자료입력이 정확하고 사용이 간편하므로 상품의 생산관리에서부터 판매관리에 이르기까지 널리 이용되고 있으며, 특히 유통 분야에서는 가히 혁명을 일으켰다고 평가되고 있다.

바코드 막대는 보통 흰색 바탕에 검은색으로 나타내며, 막대들의 폭과 수는 일반적으로 따라 각각 다르다. 막대들은 2진수 0과 1을, 막대들의 배열은 0에서 9까지의 10진수를 나타내는데, 그러한 조합은 디지털 컴퓨터로 처리할 수 있다. 막대들의 배열에서 특정 위치에 특정 폭을 가진 막대의 존재 유무를 컴퓨터가 판독하여 0 또는 1로 해석한다. 대부분의 바코드 부호들은 두껍거나 얇은 2종류의 막대들을 사용하지만, 4종류의 막대를 사용하는 경우도 종종 있다. 바코드에는 상품의 가격, 크기와 무게 등의 정보가 들어 있는 것이 아니고 상품 코드번호만 들어 있다. 따라서 상품의 번호와 가격 등에 대한 상세한 정보는 미리 컴퓨터 시스템에 등록되어 있어서 바코드 스캐너로 코드번호만 읽어오면 자동으로 계산된다.

바코드 표시법은 1970년대에 도입되어, 지금은 일상적 상거래에서 폭넓게 사용되고 있다. 바코드 정보는 컴퓨터 시스템의 일부인 레이저 스캐너를 사용하여 읽는다. 손바닥 크기의 스캐너 또는 바코드 펜을 바코드 위로 지나가게 하거나, 바코드 자체를 계산대나 다른 표면에 설치된 스캐너 위로 지나가게 한다. 바코드의 가장 큰 장점은 바코드를 스캐너로 읽는 순간, 단순히 정보를 저장했다가 나중에 처리하는 것이 아니라, 사용자가 세세한 정보를 즉시 처리할 수 있다는 것이다. 오늘날 바코드는 생산, 분배, 저장, 판매 및 서비스 등의 모든 영역에서 광범위하게 제품들을 추적하는 데 사용되고 있다.

국제표준바코드에는 크게 2가지 종류가 있는데, 우리나라를 비롯한 100개국 이상의 국가가 사용하고 있는 EAN코드European Article Numbering Code와 미국과 캐나다 등에서 사용하는 UPCUniform

Product Code가 그것이다. EAN코드의 체계는

- 국가코드 : 국가를 식별하는 코드로 우리나라는 880을 사용
- 제조회사코드 : 제조원 또는 판매원에 부여하는 코드로 각 업체를 식별하는 코드
- 상품코드 : 제조회사코드를 부여받은 업체에서 상품별로 식별하여 부여하는 코드
- 검증코드 : 바코드의 오류를 검증하는 코드로 앞의 숫자를 조합하여 나오는 코드

미국의 슈퍼마켓이나 기타 상점에서 사용하는 바코드는 각각의 식품이나 상품에 고유 부호를 부여하는 UPC이다. UPC 시스템에서는 왼쪽 5개 숫자는 제조회사를, 오른쪽의 5개 숫자는 특정 종류의 상품을 나타내는 데 사용된다. 다음은 UPC의 상품 분류 체계 번호를 나타낸 것이다.

상품 분류 체계 번호	상품 종류
0	식료품, 잡화
2	고기, 청과물 등 불규칙 중량 식품
3	의학, 의료 상품
4	인스토어 마킹
5	쿠폰
1, 6, 7, 8, 9	유보

다음 쪽 그림은 UPC와 한국에서 사용하는 EAN코드의 예를 비교하여 나타낸 것이다. EAN코드는 전방여백, 좌측 가드패턴, 국가코드, 제조회사코드, 중앙 가드패턴, 상품코드, 검증코드로 구성되어 있으며, 13문자를 포함하는 표준형 EAN-13과 8문자를

UPC

한국코드

포함하는 단축형 EAN-8이 있다. UPC가 1문자의 상품 분류 체계 번호와 제조회사코드로 좌측의 6문자를 구성하는 데 반해, EAN 코드에서는 3문자의 국가코드와 4문자로 된 제조회사코드로 좌측의 7문자를 구성하는 점이 다르다.

한편으로, 오늘날의 사회를 정보화 시대라고도 한다. 수많은 정보의 홍수 속에서 신속하고 정확한 정보 수집은 아무리 강조해도 지나치지 않는다. 컴퓨터는 주어진 정보를 신속, 정확하게 처리해주며 사무의 능률을 향상시켜준다. 그러나 사람에 의한 데이터 입력시간이 컴퓨터의 연산처리시간에 비해서 너무 오래 걸릴 뿐만 아니라, 잘못 입력된 정보는 사용자에게 더 큰 피해를 줄 수도 있다. 이러한 결점을 보완하기 위하여 컴퓨터의 입력을 자동화시키는 많은 방법들이 개발되어 왔으나, 정확성이나 범용성, 견고성, 경제성 등을 고려하여 근대에는 바코드 입력방식이 세계적으로 널리 사용되기에 이르렀다.

최근에는 격자무늬의 2차원 형식으로 정보를 제공하는 **QR코드**

Quick Response Code를 많이 사용하고 있다. QR코드는 1994년 일본 덴소웨이브사가 개발하였는데, 특허권을 행사하지 않겠다고 선언하여 다양한 분야에서 널리 활용되고 있다. 기존의 1차원 바코드가 20자 내외의 숫자 정보를 저장할 수 있었다면, QR코드는 숫자는 최대 7,089자, 문자는 최대 4,296자를 저장할 수 있고, 일반 바코드보다 인식속도와 인식률 및 복원력도 매우 뛰어나다.

기존의 바코드는 저장 용량의 제한으로 가격과 상품명 등 한정된 정보만을 제공하고 있으나, QR코드는 용량에 대한 제한을 받지 않는다. 따라서 바코드가 주로 계산이나 재고관리, 상품 확인 등에 사용되었다면, QR코드는 마케팅이나 홍보 등의 수단으로 많이 사용되고 있다. 예로, 한우나 생선 등의 신선 식품에 대해서는 제품에 부착된 QR코드를 통해 생산에서부터 유통에 이르기까지 모든 이력을 알 수 있으며, 백화점의 경우는 각종 이벤트나 할인행사 등에 대한 정보도 홍보하고 있다.

또한 기존의 바코드를 읽을 수 있는 전용단말기는 상품 판매자만 소유하고 있어 일반 소비자들이 바코드를 이용하여 정보를 파악하는 것이 불가능하였지만, QR코드의 경우 스마트폰만 있으면 소비자들이 직접 상품에 대한 정보를 파악할 수 있다. 즉, 스마트폰 사용자들은 무료로 제공되는 QR코드 스캔 애플리케이션을 다운받은 후, 스마트폰으로 QR코드를 스캔하기만 하면 각종 정보를 손쉽게 얻을 수 있다.

그리고 QR코드 만들기 사이트를 이용하면, 누구나 자신만의 QR코드를 만들 수 있다. 즉, 개인사업자나 홍보를 희망하는 사람은 본인의 명함에 고유 QR코드를 부착함으로써 자신을 소개할 수 있고, 블로그, 트위터 또는 오프라인 광고지에 삽입함으로써 알리고자 하는 내용을 홍보할 수 있다. 다음은 인터넷 상에 공개된 부경대학교, naver.com 및 daum.net의 QR코드를 차례로 나타낸 것이다.

이제, 국제표준 도서번호인 ISBNInternational Standard Book Number에 대해 알아보자.

세계에서 발간되는 모든 자료에 도서별 또는 표제별로 유일한 고유번호를 부여하는 것은 자료를 분명하게 식별할 수 있도록 해주며, 제작단계에서부터 유통단계에 이르는 모든 사무를 효율화시킨다. 또한 발행 자료에 대한 정보를 고유번호와 종합시켜 정보유통에 정확성을 기할 뿐만 아니라, 자료의 대여와 보관에도 중요한 수단으로 활용할 수 있다는 이점이 있다.

도서에 번호를 부여하는 방식은 각 출판사에 의해 백 년 이상이나 시행되어왔으며, 도서관에서의 도서 분류는 더 오랜 역사를 가지고 있다. 그러나 이러한 번호화는 각 조직의 내부용에 불과하였으므로, 표준화된 도서번호 설정이 필요하게 되었다. ISBN은 서적의 발행에 앞서 정해진 기준에 따라 10자리 숫자로 부여된다. ISBN의 10자리 수는 길이가 다른 4개의 부분, 즉 그룹국가 또는 지역 기호, 출판자 기호, 서명 기호, 대조 기호의 순으로 구분되며, 각 부분은 대체로 하이픈을 넣어서 구별한다.

그룹 기호는 국가별, 지리적 조건, 언어별 또는 기타 사항을 고려하여 국제 ISBN 본부에서 배정하며, 이들 각 부분의 자릿수는 그 나라의 출판사 수와 출판 분량에 따라 신축성 있게 사용할 수 있도록 가변적으로 운영된다. 출판자 기호는 그룹 내의 특정한 출판사를 표시한다. ISBN 시스템을 도입하여 사용하고자 하는 출판자는 그룹 내에서 ISBN을 관리하는 국가코드관리위원회에서 출판자 기호를 배정받아야 한다. 서명 기호는 그룹 기호와 출판자 기호가 배정되면 그 자릿수의 크기에 따라 자릿수가 결정되며, 이는 출판사 자체에서 출판하는 개개의 출판물에 부여한다. 마지막 부분의 대조 기호는 ISBN이 바르게 표시되었는가를 확인하기 위한 것으로 한 자릿수로 되어 있다. 이는 ISBN을 컴퓨터에 입력하였을 때, 그 번호코드가 정확하게 입력되었는지 그 여부를 자동적으로 검색하기 위한 숫자이다.

그룹 번호의 자릿수가 적을수록 그 나라의 출판 분량이 많음을 의미한다. 출판자 기호의 자릿수는 출판 분량이 많은 출판사에게는 짧은 자릿수를 배정하고 출판 분량이 적은 출판사에는 긴 자릿수의 출판자 기호가 부여된다. 이는 열자리 숫자의 범위 내에서 서명 기호의 이용 범위를 가변적으로 이용하기 위한 조치이다. 따라서 그룹 번호의 자릿수를 어떻게 결정하느냐에 따라 서명 기호의 이용 범위는 달라진다. ISBN은 출판에서 서지 내용의 배열 기준을 제시하고 있으며, 지정된 국립표준 도서번호 지정기관으로부터 번호를 부여받는다.

ISBN과는 별도로 연속간행물을 식별하기 위하여, ISSN International Standard Serial Number을 사용한다. 여기서 연속간행물이란 일반 잡지 또는 전문학술지 등과 같이 번호 또는 연호 표식을 가지고 연속적인 분책으로 발행하는 간행물을 말한다. ISSN은 8개의 숫자로 구성되는데, 4개씩의 숫자로 된 두 그룹을 하이픈으로 구분하여 나타낸다. 이 숫자들은 0에서 9까지의 숫자이나 마지막 대조숫자는 경우에 따라 영문자 X를 사용하는 경우도 있다.

서른세 번째 이야기

일상생활 속에서의 수

수를 나타내는 순우리말에는 골, 드먼, 온 등이 있다. '골백번 죽더라도'라고 할 때, 골은 10^{16}으로 경을 나타낸다. 드먼은 10^4으로 만을 뜻하는데 두만강이 만 개의 지류를 가지고 있다고 해서 '드먼'에서 두만강으로 바뀌었다고 한다. 그리고 온은 10^2으로 백을 의미한다.

그럼 수의 자릿수를 나타내는 단위에 대해 살펴보자. 수의 단위는

일, 십, 백, 천, 만(십만, 백만, 천만), 억(십억, 백억, 천억),
조(십조, 백조, 천조), 경(십경, 백경, 천경), 해, 자, 양 등

으로 수없이 많다. 그 외에도 항하사는 갠지스 강의 모래 개수와 같은 수, 아승기는 항아사의 1만배, 나유타는 아승기의 1만배로

10^{60}이고, 불가사의는 10^{64}을, 무량대수는 불가사의의 1만배로 10^{68}을 의미한다. 그리고 분은 10^{-1}, 리는 10^{-2}, 호는 10^{-3}을 나타내는데, 애매하다는 뜻의 모호는 10^{-13}을, 아주 짧은 순간을 나타내는 찰나는 10^{-18}이다. 이러한 수의 명칭은 주로 불교의 영향을 받은 것으로, 《화엄경》에서 따온 것들이다. 다음 표는 이들 수를 10의 거듭제곱으로 다시 정리하여 나타낸 것이다.

단위	찰나	모호	호	리	만	억	조
거듭제곱	10^{-18}	10^{-13}	10^{-3}	10^{-2}	10^{4}	10^{8}	10^{12}
단위	경	해	자	양	구	간	정
거듭제곱	10^{16}	10^{20}	10^{24}	10^{28}	10^{32}	10^{36}	10^{40}
단위	재	극	항하사	아승기	나유타	불가사의	무량대수
거듭제곱	10^{44}	10^{48}	10^{52}	10^{56}	10^{60}	10^{64}	10^{68}

다음으로 우리가 일상생활에서 많이 사용하는 것으로 **십간**十干과 **십이지**十二支에 대해서 알아보자.

회갑 또는 환갑은 61세를 말하는데, 십간과 십이지에서 60년이 지나면, 61번째에 자기 자신이 태어난 해의 간지가 돌아온다는 의미에서 붙여진 명칭이다. 이와 같이, 매년 붙여지는 이름은 다음의 십간과 십이지의 조합으로 이루어지며, 갑자, 을축, 병인, 정묘, … 등으로 나타내어 갑이 6번 지나면 다시 처음으로 되돌아오기 때문에 **육갑**이라 한다.

십간(十干)	갑(甲)	을(乙)	병(丙)	정(丁)	무(戊)	기(己)	경(庚)	신(辛)	임(壬)	계(癸)		
십이지(十二支)	자(子)	축(丑)	인(寅)	묘(卯)	진(辰)	사(巳)	오(午)	미(未)	신(申)	유(酉)	술(戌)	해(亥)

십이지는 동물을 나타내는데, 자는 쥐, 축은 소, 인은 범, 묘는 토끼, 진은 용, 사는 뱀, 오는 말, 미는 양, 신은 원숭이, 유는 닭, 술은 개, 해는 돼지를 의미한다. 예로, 2013년은 계사癸巳년으로 뱀띠, 2014년은 갑오甲午년으로 말띠이고 2015년은 을미乙未년으로 양띠 해가 된다. 또한, 십이지는 시간을 나타내기도 하는데, 자시는 23~1시, 축시는 1~3시, 인시는 3~5시, …, 해시는 21~23시를 뜻한다.

한편, 공자는 자신의 일생을 회고하며, 자신의 학문 수양의 발전 과정에 대해 《논어》의 《위정편》에서 다음을 이야기하고 있다.

> 15세에 학문에 뜻을 두었고 [吾十有五而志于學(오십유오이지우학)]
> 30세에 자립하였으며 [三十而立(삼십이입)]
> 40세에 사리에 미혹하지 않고 [四十不惑(사십불혹)]
> 50세에 하늘의 명을 알고 [五十而知天命(오십이지천명)]
> 60세에는 귀로 들으면 그대로 이해되었고 [六十而耳順(육십이이순)]
> 70세에는 마음에 하고자 하는 바를 처신하여도 법도에 어긋남이 없었다.
> [七十而從心所欲 不踰矩(칠십이종심소욕 불유구)]

성인으로 일컫는 공자께서도 70세가 되어서야 마음에 하고자 하는 바를 처신하여도 법도에 어긋남이 없었다고 하니, 우리와 같은 보통 사람들의 웬만한 허물쯤은 서로 덮어둘 수 있으리라. 다음 쪽의 표는 연령에 따른 호칭을 설명한 것인데, 공자의 말씀에 근거한 호칭들이 많이 있다.

회갑은 화갑이라고도 하는데, 화갑은 서유기에서 나오는 단어로 화華를 분석해보면, 6개의 십+과 1개의 일一이 있어서 61을 의미한다. 77세를 희수라고 하는 것은 희喜자를 초서로 쓰면 칠십칠七十七과 같이 보이는 데서 유래되었다고 한다. 그리고 다수茶壽는 다茶에서 윗부분의 ++는 20을 뜻하므로, 아랫부분의 팔십팔八十八과 합하여 108을 나타낸다.

호칭	연령	의미 또는 유래
해제(孩提)	2~3세	어린아이
지학(志學)	15세	15세가 되어 학문에 뜻을 둔다는 뜻
약관(弱冠)	20세	남자는 스무 살에 관례를 치러 성인이 된다는 뜻
이립(而立)	30세	30세에 가정과 사회에 모든 기반을 닦는다는 뜻
불혹(不惑)	40세	40세가 되어 세상일에 미혹함이 없다는 뜻
지천명(知天命)	50세	50세에 천명을 알게 되었다는 뜻
이순(耳順)	60세	60세에는 무엇이든 들으면 곧 이해된다는 뜻
회갑(回甲)	61세	60갑자를 다 지내고 다시 출생한 해의 간지가 돌아왔다는 뜻
진갑(進甲)	62세	60갑자가 다시 진행한다는 뜻
미수(美壽)	66세	모든 사회활동을 성취하고 은퇴하였어도 여력이 있으니 참으로 아름다운 나이라는 뜻
고희(古稀)	70세	두보의 시에서 고희라는 단어가 만들어 짐
희수(喜壽)	77세	오래 살아 기쁘다는 뜻
산수(傘壽)	80세	산傘자의 약자가 팔八을 위에 쓰고 십十을 밑에 쓰는 것에서 유래
미수(米壽)	88세	미米를 풀어서 쓰면 팔십팔八十八인 것에서 유래
졸수(卒壽)	90세	졸卒의 속자俗字가 구九자 밑에 십十자를 사용하는데서 유래
백수(白壽)	99세	백白자는 백百에서 일一을 뺀 것이라는 뜻

다음으로, 결혼기념일과 수에 대하여 알아보자.

결혼기념일은 결혼한 연수에 따라 부르는 이름이 다양한데, 다음 표는 그 명칭을 정리한 것이다. 이혼으로 가정파탄이 심한 이 시대에 이 책을 읽는 독자들은 금혼식, 회혼식은 물론 금강석혼식까지 백년해로하시길 바란다.

주년	호칭	주년	호칭	주년	호칭
5주년	목혼식	10주년	석혼식	15주년	동혼식
20주년	도혼식	25주년	은혼식	30주년	진주혼식
50주년	금혼식	60주년	회혼식	75주년	금강석혼식

고대 이집트 때부터 분수를 광범위하게 사용하였는데, 주목할 만한 것은 분수를 분자가 1인 단위분수의 합으로 나타냈다는 점이다. 인류 최초의 수학책인 아메스의 《파피루스》에는

$$\frac{2}{5} = \frac{1}{3} + \frac{1}{15}$$

또는

$$\frac{2}{7} = \frac{1}{4} + \frac{1}{28}$$

과 같이 분수를 단위분수의 합으로 나타낸 기록을 찾아볼 수 있다. 이런 시도는 분배를 염두에 두었기 때문인 것으로 추측하고 있다.

예로, 3개의 빵을 4명이 똑같이 나누는 상황인 3/4을 생각해보자. 이 경우, 처음부터 3개를 4조각으로 나누는 것은 힘들므로, 먼저 2개의 빵을 절반으로 쪼개 4명이 각각 한 조각씩 나눠 갖고, 나머지 1개의 빵을 4등분하여 한 조각씩 가지면 쉽게 나눌 수가 있다. 즉,

$$\frac{3}{4}=\frac{1}{2}+\frac{1}{4}$$

이다. 이는 단위분수의 합을 이용하면 균등한 분배를 좀더 간편하게 나타낼 수 있음을 보여준다.

우리에게 잘 알려진 다음의 이야기가 있다.

옛날 아라비아의 한 상인은 자신의 재산인 낙타 17마리를 큰아들은 1/2, 둘째 아들은 1/3, 셋째 아들은 1/9을 가지라는 유언을 남겼다. 그러나 17이 2, 3, 9로 나누어떨어지지 않아 17마리의 1/2, 1/3, 1/9을 자연수로 나눌 수 없어 여간 걱정이 아니었다. 삼형제가 낙타를 두고 언쟁을 하고 있을 때, 지나가던 노파가 자기가 타고 있던 낙타 1마리를 보태어 낙타가 18마리의 1/2인 9마리, 1/3인 6마리, 1/9인 2마리를 각각 나누어 가질 수 있게 되었다. 게다가, 이들 삼형제가 나눠 가진 9마리, 6마리, 2마리의 합은 17마리이므로, 노파도 보탰던 낙타는 다시 돌려받을 수 있게 되었다. 이는

$$\frac{1}{2}+\frac{1}{3}+\frac{1}{9}=\frac{17}{18}$$

이기 때문에 가능한 일이었다.

참고문헌

[1] 고석구·이만근, 《수학의 스캔들》, 10101, 2005.

[2] 고석구, 《수를 사랑한 사람들》, 경문사, 2004.

[3] 김대식, 《레크레이션 수학》, 경문사, 2000.

[4] 김태화, 《수학논리, 그 무한한 힘》, 경문사, 2007.

[5] 노영순, 《재미있는 수학》, 교우사, 2004.

[6] 박봉구 외 5인, 《재미있는 수학의 세계》, 교우사, 1999.

[7] 박제남·남호영, 《π -4천년 역사의 흔적》, 교우사, 2004.

[8] 부경대, 《수학탐구교실》, 부경대학교 수리과학부, 2002~2005.

[9] 부경대, 《기초수학의 이해》, 부경대학교 수학교재편찬위원회, 경문사, 2013.

[10] 부경대, 《이공계열을 위한 미분적분학》, 부경대학교 수학교재편찬위원회, 경문사, 2012.

[11] 오승제·김주필, 《수개념수학 입문》, 교우사, 2004.

[12] 이우영·신항균, 《수학사》, 경문사, 2001.

[13] 이은휘, 《수학의 산책》, 경문사, 2005.

[14] 왕규호, 《게임이론》, 박영사, 2004.

[15] 한재영, 《차원 높은 수학 이야기》, 교우사, 2002.

[16] 한재영·한지연·한미연, 《초자연한 숫자 이야기》, 교우사, 2003.

[17] 황우영·조향감 역, 《생활속의 수학》, 교우사, 2000.

[18] S. K. Stein, *Discovering the Joy and Power of Mathematics in Everyday Life*